U0175639

基于贝叶斯网络的机械系统可靠性评估

钱文学　尹晓伟　著

东北大学出版社
·沈　阳·

图书在版编目（CIP）数据

基于贝叶斯网络的机械系统可靠性评估 ／ 钱文学，尹晓伟著． — 沈阳：东北大学出版社，2023.11
ISBN 978-7-5517-3456-1

Ⅰ．①基… Ⅱ．①钱… ②尹… Ⅲ．①机械系统—系统可靠性—评估 Ⅳ．①TH

中国国家版本馆 CIP 数据核字（2023）第 238147 号

内容简介

本书详细论述了基于贝叶斯网络的复杂机械系统可靠性建模的基本思想和方法，并给出了相应的实例。全书共分 9 章：第 1～2 章介绍了贝叶斯网络可靠性建模的研究现状和基本理论；第 3 章介绍了机械系统可靠性评估的贝叶斯网络模型；第 4 章介绍了多状态系统的贝叶斯网络模型；第 5 章介绍了相关失效系统的贝叶斯网络模型；第 6 章介绍了动态贝叶斯网络；第 7 章介绍了航空发动机系统可靠性评估；第 8 章介绍了航空发动机系统可靠性软件设计及开发；第 9 章介绍了汽车发动机系统可靠性评估。

本书可供从事系统可靠性研究的科研人员参考，也可作为高等院校相关专业的高年级本科生和研究生教学参考用书。

出 版 者：东北大学出版社
　　　　　地址：沈阳市和平区文化路三号巷 11 号
　　　　　邮编：110819
　　　　　电话：024-83680176（编辑部）　　83687331（营销部）
　　　　　传真：024-83687332（总编室）　　83680180（营销部）
　　　　　网址：http://press.neu.edu.cn
　　　　　E-mail：neuph@neupress.com
印 刷 者：辽宁一诺广告印务有限公司
发 行 者：东北大学出版社
幅面尺寸：170 mm×240 mm
印　　张：12.5
字　　数：231 千字
出版时间：2023 年 11 月第 1 版
印刷时间：2023 年 11 月第 1 次印刷
责任编辑：石玉玲
责任校对：白松艳
封面设计：潘正一
责任出版：唐敏志

ISBN 978-7-5517-3456-1　　　　　　　　　　　　　　定　价：69.00 元

前　言

对于复杂系统进行可靠性评估，由于费用和试验组织等方面的原因，不可能进行大量的系统级可靠性试验，如何充分利用单元和系统的各种试验信息对系统可靠性进行精确评估是一个复杂的问题。目前，机械系统可靠性评估常用的方法有：可靠性框图法、故障树方法、Monte-Carlo仿真方法等。但由于这些方法都有一定的局限性，因此更合适的可靠性评估方法还有待进一步研究。

在传统的元件/系统可靠性研究中，一般是把研究对象看作只有两种状态，即失效和完好，仅用"是"与"否"二值逻辑来描述产品能否完成规定功能的情况。但在实际应用中元件/系统可能存在多种状态，如阀门系统可能存在正常、堵、漏、开关不灵等多种状态，而且每种状态都存在一个失效渐近的问题。仅仅由研究阀门的两态建立的可靠性模型与实际情况存在较大差异。

"相关"是系统失效的普遍特征，忽略系统的相关性，简单地在各部分失效相互独立的假设条件下对系统可靠性进行定性分析和定量计算，经常会导致较大的误差。

贝叶斯网络（Bayesian networks）提供了一种知识图解化的表示方法，可以对结点变量之间的因果概率关系进行有向图解描述，主要用于不确定性知识表达、因果推理和诊断推理等。贝叶斯网络的推理模式多样，可以有效地识别系统可靠性的薄弱环节。贝叶斯网络的图形化显示，使得系统中元件间的关系更加直观、清晰，将贝叶斯网络技术应用于机械系统的可靠性评估，对系统的多状态和失效相关性进行分析，是本书的研究重点。

本书根据贝叶斯网络的特点，对其在机械系统可靠性评估中的应用进行了以下研究：

（1）在详细分析贝叶斯网络特点的基础上，将贝叶斯网络应用于机械系统尤其是复杂机械系统可靠性的评估，建立基于贝叶斯网络的系统可靠性评估模型。该模型能够监视系统中的任何不确定性变量，不仅可以求出系统正常工作概率，而且可以计算出系统条件失效概率，如可以方便地计算出某一个或某几个元件故障时系统故障的条件失效概率，进行推理诊断分析，找出系统的薄弱点。

（2）以贝叶斯网络在机械系统上的应用为基础，进一步探索贝叶斯网络在多状态机械系统中的应用，通过逐步分析与算例验证，建立基于贝叶斯网络多状态系统可靠性模型。应用该模型进行多状态系统可靠性评估，使分析更加直观、灵活；并且该模型不限制元件的数量，使得模型的应用范围更广。

（3）建立了考虑失效相关性的系统可靠性贝叶斯网络模型，并应用该模型对考虑失效相关性的典型系统，如并联系统、串联系统和 k/n（G）系统以及网络系统进行了可靠性评估，同时用蒙特卡罗仿真方法进行对比验证。

（4）研究了基于贝叶斯网络模型的系统可靠度分配。对一般可靠性工程中常用的几种重要度、系统可靠性评估的灵敏度分析和贝叶斯网络因果推理、诊断推理的条件概率的物理意义进行了对比分析，结果表明贝叶斯网络方法更适合于识别可靠性薄弱环节。

（5）针对汽车发动机和航空发动机，给出了相应的可靠性分析应用案例，给出了汽车发动机和航空发动机静态和动态贝叶斯网络可靠性分析的方法和步骤，并给出了相应的程序设计流程，便于进行实际工程应用。

本书的出版得到了国家自然科学基金项目（52175131）的资助，帅敏和曹倩倩参与了本书部分章节的撰写工作，在此一并表示衷心感谢。

鉴于作者水平所限，书中难免有不妥之处，恳请读者批评指正。

著 者

2023年6月

目　录

第1章 绪 论

1.1 研究背景及研究意义

可靠性问题萌芽于20世纪20年代，30年代起人们对这个问题有了进一步认识。然而，可靠性作为一门工程学孕育、诞生于40年代——第二次世界大战中，成长于产品不可靠给人们带来的血的教训中。产品可靠带来的成功经验及产品不可靠带来的失败和教训，使人们逐渐加深了对可靠性问题的认识。由此可见，可靠性问题是人们在社会实践的基础上，随着客观需要而产生和发展起来的。它的诞生和发展是社会的需要，与科学技术的发展尤其是电子技术的发展密不可分，这是因为随着科学的进步，电控设备在科研、工农业及民用等方面的应用越来越广泛，电子系统越来越复杂，使用环境也越来越严酷、恶劣。因而，对电控设备提出了更高的可靠性要求，以满足用户使用需求。这推动了可靠性技术的迅速发展，也使得进一步提高产品的可靠性越来越困难。为了解绝对可靠性需求，人们不得不将可靠性作为一门工程学进行专门研究，从而形成可靠性工程[1]。

产品的可靠性是指产品在规定的条件下和规定的时间内，完成规定功能的能力。当使用"概率"来度量这一"能力"时，就是可靠度，即可靠度的定义为"产品在规定的条件下和规定的时间内完成规定功能的概率"。可靠性工程是指为了达到产品的可靠性要求而进行的有关设计、实验、生产等一系列工作。它于20世纪40年代起源于军事领域，经过半个多世纪的发展，现已成为一门涉及面十分广泛的综合性新兴学科，它涉及数学、物理、化学、电子、机械、环境、管理及人机工程等多个领域。虽然可靠性工程起源于军事领域，但随着社会的进步、科学技术的发展，可靠性工程得到了全面的发展，已推广应用于国民经济的各个部门和领域。从它的推广应用给企业和社会带来的巨大经济效益的事实方面来说，人们更加认识到提高产品可靠性的重要性。各国纷纷投入大量人力和物力进行研究，并在更广泛的领域里推广应用，与此同时可靠性工程的广度和深度也得到了发展，可靠性在社会生产生活各个领域的重要性得到了更广泛的重视和认可。产品竞争是经济发展的必然趋势，随着工业技术的发展，可靠性将成为未来世界市场产品竞争的焦点之一。

系统可靠性评估是可靠性工程中发现系统存在的问题、分析问题、有的放矢地采取措施解决问题的重要手段。对系统进行可靠性分析的目的在于通过系统的功能分析和系统故障判断依据的界定，确定系统的可靠性模型，并借助可靠性分析计算方法计算系统可靠性特征量，以发现系统中的隐患和薄弱环节，采取相应措施消除隐患和薄弱环节，同时为改善和提高系统可靠性提供方向和途径。系统形态千差万别，因此要分析其可靠性就必须先确定系统的可靠性模型，然后根据系统的拓扑结构和系统中组成单元的可靠性品质和地位来分析和确定系统的可靠性特征量。系统可靠性的预计、可靠性指标分配和可靠性优化等都是建立在系统可靠性分析基础之上的，因此它是系统可靠性研究的核心和基础。

1.2　机械系统可靠性的研究现状

复杂系统可靠性的综合评估工作越来越成为人们关心的问题。在可靠性工程中，一个复杂系统往往由大量分系统或单元组成，这些单元产品往往属于不同类型，如电子产品、机械产品和机电产品等，而且不同类型的产品往往服从不同的寿命分布模型，如电子产品往往对应指数分布，机械产品往往对应Weibull分布。因此，对这些单元产品的可靠性评估和鉴定需要采用不同的分析方法，以往的研究往往基于标准的分布进行，像寿命预估中的高斯分布、对数正态分布及β分布等[2]。

1.2.1　结构可靠性评估方法

工程设计中机械结构的可靠性评估方法主要有：应力–强度干涉模型法、一次二阶矩法、Monte-Carlo法、Bayes法。

1.2.1.1　应力–强度干涉模型法

机械零部件设计的基本目标是在一定的可靠度下保证其危险断面上的最小强度不低于最大的应力，否则，将导致机械零部件失效。工程设计中，常用的分布函数的概率密度函数曲线都是以横坐标为渐近线的，所以，应力的概率密度函数和强度的概率密度函数必定有相交的区域。该区域就是零件可能出现失效的区域，称为干涉区。图 1.2 所示的干涉区，仅表示干涉的可能性，假设零件的工作应力为 S，强度为 δ，这里 S 和 δ 都是呈一定形态分布的随机变量。当 $S < \delta$ 时，零件不会失效。$f(S)$、$g(\delta)$ 分别是应力 S、强度 δ 的概率密度函数。它们的概率密度曲线如图 1.1 所示。当应力与强度的概率分布曲线发生干涉时，虽然应力的均值远小于强度的均值，零件也有失效的可能。应力与强度的概率分布曲线发生干涉时如图 1.2 所示。

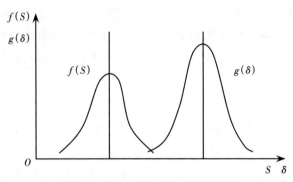

图 1.1 应力-强度干涉模型 [3-4]

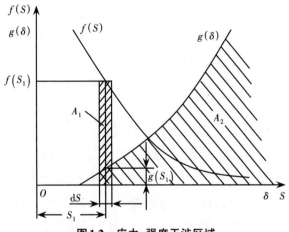

图 1.2 应力-强度干涉区域

可靠度定义：在规定的时间和条件下完成规定功能的概率。

$$R = P(\delta > S) \tag{1.1}$$

$$R = \int_{-\infty}^{\infty} f(S) \int_{S}^{\infty} g(\delta) \mathrm{d}\delta \mathrm{d}S \tag{1.2}$$

式（1.1）和（1.2）中：$f(S)$——随机应力 S 的概率密度函数；

$g(\delta)$——随机强度 δ 的概率密度函数。

由式（1.2）知，只要知道 S，δ 的概率密度函数，就可以求出相应的可靠度。但是在很多情况下要准确知道概率分布是困难的，有时即使知道了概率分布，也很难求出积分的解。

1.2.1.2 一次二阶矩法

由前面的分析可知，由于很难求出应力和强度的概率密度函数，所以如果有足够的资料和根据能确定出各随机参数和设计变量的均值和方差（即一阶原点矩和二阶中心矩），则可以采用一次二阶矩法将随机模型转化为确定型模型来求解，显然这是一种近似计算方法[5]。这种模式德国的 Mayer、瑞士的 Basler[6]、前苏联的尔然尼采[7]、美国的 Cornell[8] 先后提出过，但在 Cornell 之后，二阶矩法才得到重视。

机械单元往往具有比其他类型单元高的可靠性（$R > 0.999$），在大多数情况下很难求得可靠性矩的精确解。二阶近似法对计算的要求相当高，高可靠性更加提高了这一要求，仿真结果表明，高可靠性时利用二阶近似法得到可靠性矩出现了很大的计算误差。产生误差的原因：当极限状态函数为非线性函数时，应进行线性化处理，略去泰勒级数中二次以上项。

鉴于此，又有研究人员提出了改进的一次二阶矩法，当把线性化点选在位于失效面（即极限状态曲面）并具有最大可能失效概率的点上，便可在很大程度上克服均值一次二阶矩法存在的问题。

以上两种方法还没有克服认为随机变量必须服从正态分布的局限性[9]。

1.2.1.3 Monte-Carlo 法

Monte-Carlo 法（统计模拟仿真）[10] 也被广泛应用到可靠度评估中。其基本思想：当已知状态方程中的随机变量分布，以可靠的安全状态为条件，即 $Y = R - S > 0$ 或 $y = f(x_1, x_2, \cdots, x_n) > 0$，利用 Monte-Carlo 法产生一组符合随机变量分布的一个样本，代入状态函数中，计算得到一个 Y 的随机数，判断是否大于 0。如此反复进行 M 次，得到 Y 的 M 个随机数，如果这 M 个 Y 的随机数中有 L 个大于 0，当 M 趋于无限大时，由大数定理，此时的频率 L/M 就近似于概率，可靠度即定义为

$$Y = P(R - S > 0) = L/M \tag{1.3}$$

Martz 和 Duran[11] 对 Bayes Monte-Carlo 方法进行了分析，指出该方法与 Monte-Carlo 方法都是计算具有复杂结构的系统的可靠性下限的有效方法。最为有效的是重要抽样法，包括一般重要抽样法[12]、渐近重要抽样法[13]、更新重

要抽样法[14]和方向重要抽样法[15]。Rahman 和 Wei[16]运用 Monte-Carlo 法对装载机摇臂进行了可靠性分析。

1.2.1.4　Bayes 法

在可靠性分析和评估中，Bayes 法已得到了广泛应用。特别是在试验数据较少的情况下，运用 Bayes 法，能够充分利用各种定量或定性的验前信息，把专家经验和试验数据结合起来，以弥补现场试验数据的不足，并能较好地处理零失效问题，解决了许多经典方法不能解决的问题[17]。

贝叶斯统计推断的关键是确定系统的可靠性模型，即系统的分布类型及其参数，然后根据得到的先验分布和最新样本信息，利用贝叶斯公式得到其后验分布，用后验分布进行系统可靠性评估，给出系统可靠性的点估计或在某一置信度下的可靠性下限[18-19]。

用 Bayes 法进行可靠性评估，最大的优点是能处理小子样问题。

1.2.2　系统可靠性评估方法

理论和实践结果表明，在一个系统的整个寿命周期中，系统的失效率随时间变化的规律可以用著名的浴盆曲线来描述，如图 1.3 所示。

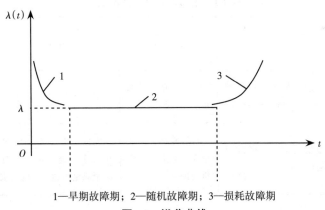

1—早期故障期；2—随机故障期；3—损耗故障期

图 1.3　浴盆曲线

在图 1.3 中，系统的寿命周期可以分为 3 个阶段。第一阶段是早期故障期，这一阶段主要由元器件质量差、工艺不好、设计欠佳等原因造成，这一时期常称为调试期。随着调试的进行，早期故障不断排除，接着进入第二阶段随机故障期。在这一阶段中故障很难确定，它们可能由器件单元参数的突变、工作环境的变化等引起。这一时期是正常工作的时期，它们的失效率不随时间的变化而变化。随着系统运行时间越来越长，元件开始老化，失效率不断增大，系统进入损耗故障期。

随机故障期是系统的实际使用期，也是系统可靠性建模和分析最重视的时期。由于这期间系统的失效率基本恒定，则可得到

$$R(t) = e^{-\lambda t} \qquad (1.4)$$

式（1.4）中 λ 为系统处于随机故障期的失效率。

由式（1.4）可见，在随机故障期，系统的可靠度函数服从指数分布规律，这是系统可靠性建模和分析中很重要的一个特性。

1.2.2.1 可靠性分析方法

在可靠性发展过程中，为了对系统进行可靠性和可用性的定量和定性分析，人们提出了许多分析方法。其中模型分析方法因其优越性而脱颖而出。1961年，贝尔实验室首次提出了故障树分析方法[20]。Markov 过程是前苏联数学家发现的，在1951年被引入可靠性分析中[21]。20世纪60年代出现了 Petri 网模型[22]。这些方法的出现极大地促进了系统的可靠性研究。这些众多模型分析方法主要可以归结为两类：一类是组合法，另一类是状态法。表1.1给出了这两种方法的对比[23-24]。

表1.1　组合法和状态法的比较

模型分析方法	描述能力	计算量	应用条件	应用范围
组合法	描述能力弱，但模型表达内容清晰，容易理解	计算简单，计算量小	基本器件之间相互独立	可靠度可用度
状态法	模型表达能力强，但不易理解	计算复杂，计算量大，必须由计算机处理	无独立的约束，但系统在每个状态的时间分布必须满足指数分布的要求	可靠度可用度可维度

（1）组合法。

组合法是基于系统和组成器件之间的逻辑关系的一种分析方法，是较早出现的对系统进行可靠性分析的方法。

① 可靠性框图法[25]。

可靠性框图法利用串并联的形式来表示系统与器件之间的逻辑关系。它有串联和并联两种基本结构。串联表示当其中任意一个元件发生故障时，系统就会发生故障，而并联表示只要其中有一个元件正常，系统就可以正常工作。

② 故障树分析法[20, 23]。

故障树是用由各种逻辑门组成的树状的结构来表示基本器件与系统之间故障的逻辑关系，经常使用的逻辑门有与门、或门和k/N门。它把组成系统的器件作为底事件，而系统的正常与否作为顶事件。它通过演绎方法来建立系统的故障树，一般有两种方法：一种是自上而下的方法，从顶事件出发，通过寻找发生故障的原因而得到故障树；另一种是自下而上的方法，从基本事件出发，通过研究器件的状态可能产生什么样的结果来得到故障树。

对于有重复底事件的故障树可以使用分解技术，先将原故障树分解成不含重复底事件的子树，求出每个子树的顶事件的概率，再利用全概率公式得到原故障树顶事件的概率。

③ 可靠性框图法和故障树分析法之间的关系。

两种方法都是以器件与系统的逻辑关系来建立系统可靠性模型。如同组合电路一样，这些方法有如下特点：

·每个器件通常只有两种状态（包括系统的状态）：正常工作或故障状态。

·系统的状态完全由各器件的状态确定。

·各器件之间从统计意义上来说互相独立。它们之间有一定的等价关系。没有重复底事件的故障树与可靠性框图等价，它们都是可靠性框图的一个子集。反过来它们又都是有重复底事件的故障树的子集。可靠性框图是从系统的可靠性角度来建立模型，而故障树是从系统发生故障的角度来建立模型[26]。

（2）状态法。

状态法是基于状态及状态之间的变化关系来确定系统的可靠性和可用性，利用随机过程的理论进行分析。目前，主要有两种经常使用的方法：一种是基于Markov过程的方法；另一种是基于Petri网的方法。

① 基于Markov过程的方法。

Markov过程是一种特殊的随机过程。当前时刻系统的状态只与前一时刻的状态有关，而与其他任何时刻的状态无关。它有离散模型和连续模型。

② 基于Petri网的方法。

Petri网模型是一种图形化建模工具，为描述和研究具有并行、异步、分布式和随机性等特征的系统提供了强有力的手段。Petri网模型通过相应的Markov链来求解。

③ Petri网模型与Markov模型的关系[27]。

Petri网和Markov模型都是描述系统动态行为的一种方法，它们有如下关系：

· Petri 网模型比 Markov 模型更易扩展。

· 连续 Markov 模型可以与广义随机 Petri 网模型相互转换。

· Markov 回报模型可以与随机回报模型相互转换。

1.2.2.2　存在的问题及解决方法

随着科学技术的发展，系统的复杂程度越来越高，而且系统的构成也发生了很大变化，使得系统可靠性和可用性分析面临着巨大挑战。主要有以下几方面的问题[28-32]：

（1）系统的规模越来越大，复杂程度越来越高。对于这样的系统来说用组合法很难完整描述；如果用状态法，求解的复杂性又无法克服。

（2）如今的系统不单单是硬件的组成，而是硬件、软件协议的有机整体。随着技术的发展，硬件的可靠性有了惊人的提高，使得系统可靠性矛盾从硬件转向了软件。软件可靠性成为可靠性研究中的一个新课题，也是一个日益重要的课题。

（3）在以前的建模方法和分析方法中，往往会有指数分布的假设条件。随着工程上对系统认识的深入，发现这个假设条件经常不能成立。

如何解决这些问题已经成为可靠性研究人员的主要目标。针对这些问题，目前提出了一些解决方法：

① 采用分解技术和层次化结构。分解技术是将大模型分解成一些小的子模型来减少复杂性。层次化结构是将组合法或状态法中的一种或几种方法合起来对系统建模和分析，它可以集合各种方法的优点。

② 发展数值分析技术。数值分析技术可以使大规模模型和刚性模型的分析变得可行。

③ 对原有方法进行扩展。针对状态法和组合法的问题提出一种易于理解、计算量小、应用更为广泛的方法，如贝叶斯网络的应用。该方法是基于概率的方法，易于理解，适用于计算机编程，无独立约束，不受元件分布必须是指数分布的约束。

1.3 贝叶斯网络的研究现状

1.3.1 贝叶斯网络概述

贝叶斯网络又称信度网（belief networks），是目前不确定性知识表达和推理领域最有效的理论模型之一。从 1988 年 Pearl 给出明确定义后，已经成为近些年研究的热点。

虽然贝叶斯网络模型是近些年才提出的，但其产生要追溯到 1763 年提出的贝叶斯理论，贝叶斯理论是贝叶斯网络的重要理论基础之一。20 世纪初，遗传学家 Sewall Wright 提出了有向无环图（directed acyclic graph，DAG），该图成为经济学、社会学和心理学界广泛采用的因果表达模型。20 世纪中叶，决策树被提出并用来表达决策分析问题，然后进一步被用来解决计算机辅助决策问题，形成了较为完整的决策分析理论。由于决策树分析方法的计算量和复杂性随着对象变量的增加呈指数增长，20 世纪 80 年代，作为有向无环图的另一表达方式——影响图（influence diagram）成为提高决策分析效率的重要工具。

1988 年，Pearl 在总结并发展前人工作的基础上，提出了贝叶斯网络。20 世纪 90 年代，有效的推理和学习算法的出现，推动了贝叶斯网络的发展和应用，首先被应用于决策专家系统。Pearl 教授于 1999 年被授予 IJCAI 杰出研究成果奖。近年来，贝叶斯网络已成为数据挖掘领域中引人注目的研究方向，取得了令人瞩目的成果。

1.3.2 贝叶斯网络的研究与进展

目前，贝叶斯网络领域的研究主要有以下三个方面：基于贝叶斯网络的推理、基于贝叶斯网络的学习和基于贝叶斯网络的应用。

基于贝叶斯网络的推理一般分为精确推理（即精确计算概率值）和近似推理（即近似计算概率值）两个部分，主要研究高效的推理算法。在网络规模比较小时，一般采用精确推理算法，如基于 Poly Tree Propagation 的算法、基于 Clique Tree Propagation 的算法、基于 Graph Reduction Propagation 的算法、基于组合优化问题的求解方法等。当网络规模比较大时，采用近似推理算法，如基于 Monte-Carlo 基本思想的 Straight Simulation，Likelihood Weighting，Forward Simulation 等算法和基于搜索的方法。

基于贝叶斯网络的学习一般分为参数学习和结构学习两个内容，同时根据样本数据的不同性质每一部分均包括实例数据完备、实例数据不完备两个方面。各种情形的学习重点和方法如表1.2所示。目前，对于网络结构已知、数据完备或不完备的情况，贝叶斯网络学习的主要问题已基本解决，相应的学习方法已趋于成熟。然而在数据不完备且网络结构未知的情况下，贝叶斯网络学习还是一个富有挑战性的研究课题，尚缺乏行之有效、普遍适用的解决方法。尽管如此，贝叶斯网络学习的方法已经对其他一些方法（如神经网络和隐马尔可夫模型）造成了冲击，并有取而代之的势头[33-34]。

表1.2　贝叶斯网络的学习

样本数据性质	网络结构已知	网络结构未知
实例数据完备	概率参数学习：简单统计估计、最大似然估计（MLE）、Bayes法	找最优网络结构（将网络结构看作离散变量）：网络结构评分标准包括贝叶斯后验评分函数和基于最小描述长度原理的评分函数，网络结构搜索算法包括启发式搜索算法和模拟退火搜索算法
实例数据不完备	找最优概率参数：期望最大化（EM）算法、梯度法、蒙特卡罗法、高斯算法等	既要找最佳结构，又要找最优参数：结构EM算法、混合模型算法等

基于贝叶斯网络的应用主要包括基于贝叶斯网络的知识表达、相应的软件工具开发、基于贝叶斯网络的实例应用等。微软公司前总裁Bill Gates在《洛杉矶时报》上曾说过：微软公司的成功在于已在贝叶斯网络方面研究的领先性。微软的主打产品Windows 2000和Office系列已经在很多方面融入了贝叶斯网络。微软的一些其他产品（如Pregnancy and Child Care Center）也是基于贝叶斯网络智能内核开发研制的。目前，贝叶斯网络已成功应用于许多领域，如工业上的故障诊断（如美国通用电气公司的Auxiliary Turbine Diagnosis）、电讯通信业（如美国电话电报公司用于检测欺骗的系统）、模式识别（如加州大学伯克利分校的语音识别系统）、航天故障诊断（如美国航空航天局和Rockwell公司联合研制的Diagnosis of Space Shuttle Propulsion Systems）、国防系统（Mitre公司的武器限时反应系统和舰船的防卫系统）、文化教育（如日本长冈工程技术大学开发的智能辅导系统）等[35-37]。

我国在贝叶斯网络研究领域仍处于起步阶段，一些科研院所和高等院校对贝叶斯网络进行了大量研究，取得了不少成果。

一个简单的贝叶斯网络如图1.4所示。

图1.4中的4个结点变量 S、C、B 和 D 分别代表吸烟、肺癌、支气管炎和呼吸困难。变量值取1或0表示变量代表的事件为真或假。如变量 S 为真的概率为 0.5，用 $P(s=1)=0.5$ 表示。条件概率用来表示结点间的影响大小。如图1.4所示，

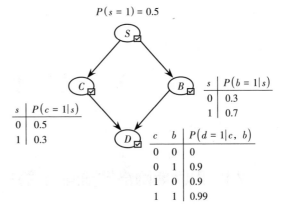

图1.4　一个简单的贝叶斯网络

$P(d=1|c=1,b=0)=0.9$ 表示患者在患上肺癌而不是支气管炎的情况下呼吸困难的概率为0.9。$P(d=1|c=1,b=1)=0.99$ 表示患者在同时患上肺癌和支气管炎的情况下呼吸困难的概率为0.99。

1.4 本书的主要工作及内容

本书利用贝叶斯网络的优势，对其在机械系统可靠性评估中的应用进行了研究，主要内容如下：

（1）在详细分析贝叶斯网络特点的基础上，将贝叶斯网络应用于机械系统尤其是复杂机械系统可靠性的评估，并对某一个或某几个元件状态同时发生变化时对系统可靠性影响进行深入分析，识别系统的薄弱环节。

（2）应用贝叶斯网络建立多态系统的可靠性模型，提出一种基于BN网络的多状态机械系统可靠性评估新方法，用概率分布表（CPT）描述元件各状态之间的关系来表达关联结点的状态，该模型对元件数量没有限制。并给出相应的验证实例。

（3）应用贝叶斯网络方法建立机械系统可靠性的相关失效模型，详细研究该理论模型的使用过程，并将典型系统——串联、并联及串并联系统的计算结果与不考虑相关失效时系统的可靠度相比较。

（4）研究基于贝叶斯网络模型的系统可靠度分配。对一般可靠性工程中常用的几种重要度、系统可靠性评估的灵敏度分析和贝叶斯网络因果推理、诊断推理的条件概率的物理意义进行了对比分析，借以证明贝叶斯网络方法更适合于识别可靠性薄弱环节。

第2章　贝叶斯网络推理

2.1　贝叶斯网络推理问题简介

2.1.1　贝叶斯网络简介

贝叶斯网络是一个具有以下特征的图形结构[38]。

① 贝叶斯网络是一个带有条件概率的有向无环图（directed acyclic graph，DAG）。

② 结点表示随机变量，结点间的弧反映了随机变量间的条件依赖关系，指向结点 X 的所有结点称为 X 的父结点。

③ 与每个结点相联系的条件概率表（conditional probability table，CPT）列出了此结点相对于其父结点所有可能的条件概率。

可以看出，贝叶斯网络是基于概率分析和图论的一种不确定性知识表达和推理模型。从直观上讲，贝叶斯网络表现为一个赋值的复杂因果关系网络图，网络中的每一个结点表示一个变量，即一个事件，各变量之间的弧表示事件发生的直接因果关系。贝叶斯网络的结构表达了定性知识，即事件之间的因果联系；边缘概率和条件概率表达了定量知识，即原因对结果的影响程度。

贝叶斯网络的推理原理基于 Bayes 概率理论，推理过程实质上就是概率计算过程。贝叶斯网络利用随机变量间的条件独立性，将一个联合概率分布直观地表达为一个图形结构和一系列条件概率表，经消元（消除变量）计算可求出任一单变量的概率分布（边缘概率）或部分变量的概率分布。在已知某些变量（证据变量）取值的情况下，可计算感兴趣的结点变量或结点变量集合（查询变量）的条件概率分布。最基本和最主要的条件概率的推理形式有以下三种：

① 因果推理：原因推知结论——由顶向下的推理（causal or top-down inference）。目的是由原因推导出结果。已知一定的原因（证据），经推理计算，求出在该原因的情况下结果发生的概率。

② 诊断推理：结论推知原因——由底向上的推理（diagnostic or bottom-up inference）。目的是在已知结果时，找出产生该结果的原因。已知发生了某些结果，经推理计算，得到造成该结果发生的原因和发生的概率。该推理常用在病理诊断、故障诊断中，目的是找到疾病发生、故障发生的原因。

③ 支持推理：辩解推理——提供解释以支持所发生的现象（explaining away）。目的是对原因之间的相互影响进行分析。该推理是贝叶斯网络推理中的一种合理而有趣的现象。

图2.1给出了一个简单的决策BN图，其结构表达了多云（cloudy）、喷洒器（sprinkler）、下雨（rain）、湿草（wet grass）之间的因果关系。在给出的条件概率表中，我们可以看出 C，S 和 R 对结果 W 的影响概率。如结点 rain 所附的条件概率表显示：当 C 值为 Fault，即没有多云天气时，$-R$，即不下雨的概率为0.8，而 R，即下雨的概率为0.2。当 C 值为 True，即多云天气时，$-R$，即不下雨的概率为0.2，而 R，即下雨的概率为0.8。其余条件概率表的含义依此类推。

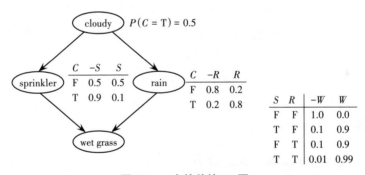

图2.1 一个简单的BN图

BN的独特结构隐含着一种很强的条件独立性。当一个结点的父结点给定后，除了该结点的后代结点以外，它与其余所有结点之间条件独立。利用这种条件独立性，可以将联合概率分布简化。

如在图2.1中，根据链式法则，可求所有结点的联合概率分布为

$$P(C, S, R, W) = P(C)P(S|C)P(R|C, S)P(W|C, S, R) \quad (2.1)$$

利用条件独立性，所表示的联合概率分布可简化为

$$P(C, S, R, W) = P(C)P(S|C)P(R|C)P(W|S, R) \quad (2.2)$$

一个联合概率分布可以表示为多个不同结构的BN，Pearl在研究中发现，

其中有一种结构最符合人们的思维习惯，即可以将一个结点的父结点理解为该结点的直接原因，这种以因果关系构成的 BN 与人的思维过程极其相似。根据这种因果关系，可以对 BN 给出有意义的解释。如在图 2.1 中，多云与下雨之间的依赖关系，可以理解为多云是导致下雨的直接原因。

与目前的其他不确定知识模型相比，BN 具有以下优点：

① 它建立在概率论的公理体系之上，具有坚实的理论基础。

② 变量之间的条件独立性关系图形化，直观有效，便于设计推理算法。对条件独立性的利用，极大地简化了概率计算。

③ 能够学习变量间的因果关系。在数据分析中，因果关系有利于人们理解专家知识，在干扰较多的情况下，作出精确的预测。同时，从图形结构表现出来的因果关系，可以在没有试验数据的情况下对事物进行描述。在 BN 中，边表示了变量之间的因果关系。我们可以进行从因到果的预言推理和从果到因的诊断推理。

④ 能够方便地处理不完整数据，充分利用专家知识和样本数据信息。在实际建模任务中，尤其是在样本数据稀疏或数据较难获得的时候，先验信息、专家知识非常重要。贝叶斯网络用边表示变量之间的依赖关系，用概率表表示依赖的强弱，将先验信息和样本知识有机结合起来。

总之，BN 作为 n 元随机变量联合概率分布的图形表示形式，综合应用了概率理论和图论，具有稳固的数学基础、语义清晰、直观有效、易于理解，正获得越来越广泛的应用。

2.1.2　D-Separation 判定准则

贝叶斯网络不仅定量地表达了每个结点同其父结点之间的条件依赖关系，它还蕴含更多的条件无关特性，这些条件无关性可以通过其拓扑结构来判定，这就是 Pearl 的 D-Separation 判定准则。D-Separation 判定准则的定义如下[39]：

如果 X，Y 和 Z 是在某个有向无环图 B 中三个互不相交的结点集合，当从结点集合 X 中的任意结点到集合 Y 中的任意结点的所有可能路径中，没有一条路径满足如下两个条件之一时，则称结点集合 Z 有向分割结点集合 X 和结点集合 Y，记为 $d(X, Z, Y)_B$。

① 每个汇聚结点要么是 Z 中的结点，要么有子孙在 Z 中。

② 每个串连结点或散连结点都不在 Z 中。

在该定义中，利用了几种特殊的子结构，分别为串行连接、发散连接和汇聚连接，如图 2.2 所示。如果结点集合 Z 有向分割结点集合 X 和 Y，则表示结点集合 X 中的结点在给定结点集合 Z 中所有的状态后，与结点集合 Y 中的所有结点条件独立。可表述如下：

$$d(X,\ Z,\ Y)_B \Rightarrow P(X=x|Z=z,\ Y=y) = P(X=x|Z=z) \qquad (2.3)$$

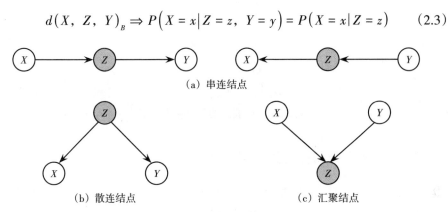

（a）串连结点

（b）散连结点　　　　　　　　　（c）汇聚结点

图 2.2　三种子结构图

由此可以看出，贝叶斯网络结构隐含着一种很强的条件独立关系。当一个结点的父结点给定后，除该结点的后代结点以外，它与其余所有结点之间条件独立。正是利用这种条件独立性，可以将联合概率分布简化表示为如下乘积形式：

$$P(X_1,\ \cdots,\ X_N) = \prod_{i=1}^{N} P(X_i|Pa_i) \qquad (2.4)$$

式（2.4）中，Pa_i 表示结点 X_i 的父结点。

变量间的联合概率分布是求解所有概率问题的基础。已知 n 个随机变量所构成的联合概率分布，可以计算任一随机变量的边缘概率，而利用条件独立性可大大简化计算。概率推理方法的共同之处都是首先寻找一种方式对联合概率分布进行参数化，然后寻找局部化的计算过程以加快推理计算速度。在参数化的方式中最直接的就是贝叶斯网络。在图 2.3 所示的例子中，一共有 6 个随机变量。在参数化以前表达一个联合概率分布，需要给出 2^6 即 64 个参数。采用贝叶斯网络的表达式以后只需给出 2+4+4+2+2+1=15 个参数，从而大大简化了计算。贝叶斯网络的表达方式为

$$P(f,\ e,\ d,\ c,\ b,\ a) = P(f|e)P(e|c,\ b)P(d|b,\ a)P(c|a)P(b|a)P(a) \qquad (2.5)$$

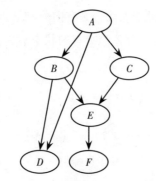

图 2.3　一个典型的贝叶斯网络结构

2.1.3　单连通和多连通贝叶斯网络

基于 D-Separation 判定准则，贝叶斯网络的拓扑结构可以分为单连通图和多连通图两大类。

多连通贝叶斯网络：贝叶斯网络中存在两个结点间的有向通路不止一条，如图 2.3 所示。

单连通贝叶斯网络：贝叶斯网络中任意两个结点间的有向通路最多只有一条，如图 2.4 所示。

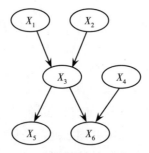

图 2.4　单连通贝叶斯网络

单连通贝叶斯网络推理计算的时间复杂度仅为 $o(d)$，其中 d 为贝叶斯网络的直径。多连通贝叶斯网络中由于两结点间通路不止一条，推理时存在证据的往复传播，贝叶斯网络不能达到平衡，其推理过程是 NP-难的[40]。

2.1.4　推理问题简介

贝叶斯网络推理（概率推理）问题的核心是计算（后验）条件概率分布。若设所有变量的集合为 X，证据（evidence）变量集合为 E，查询（query）变

量集合为 Q，则贝叶斯网络推理的最根本任务就是在给定证据变量集合 $E = e$ 的情况下计算查询变量 Q 的联合条件概率。可形式化描述为

$$P(Q|E = e) = \frac{P(Q, \, E = e)}{P(E = e)} \tag{2.6}$$

在此基础上，贝叶斯推理还可以解决以下几种问题：

① MPU（most probable explanation）问题：给定证据变量集 U 求解 $O = X\backslash E$ 的最大概率指派问题。形式化描述：给定 $E = e$，计算 $o = \underset{o'}{\arg\max}\left(P(O=o'|E=e)\right)$。$O = X\backslash E$ 表示变量集 X 中除证据变量集 U 外的其余变量集合。

② MAP（most aposterior hypothesis）问题：给定证据变量 U 和一组假设 H 求解最大概率后验假设问题。形式化描述：给定 $E = e$，计算 $h = \underset{h'}{\arg\max}\left(P(H = h'|E = e)\right)$。

③ MUU（maximize the expected utility of problem）问题：给定一效用函数 $U(Q)$，求解决策变量集合 D 的某一使效用函数最大化的指派问题。形式化描述：给定 $E = e$，计算 $d = \underset{d'}{\arg\max}\left(P(U(Q)|D = d')\right)$。

现有的贝叶斯网络推理算法可分为精确推理算法和近似推理算法两大类。属于精确推理的算法有：基于 Poly Tree Propagation 的算法、基于 Clique Tree Propagation 的算法、基于 Graph Reduction Propagation 的算法、基于组合优化问题的求解方法等。精确推理算法适用于结构简单、网络规模小的贝叶斯网络推理。近似推理算法在不改变计算结果正确性的前提下，降低了计算精度，从而简化计算复杂性。这类方法主要包括随机模拟（Stochastic Sampling）方法和基于搜索（Search-based）方法。近似推理算法主要用于网络结构复杂、规模较大的贝叶斯网络推理。

2.2　贝叶斯网络的精确推理

2.2.1　基于 Poly Tree Propagation 的算法

基于 Poly Tree Propagation 的算法[39] 是 Pearl 于 1986 年提出的，该方法的主要思想是直接利用贝叶斯网络结构，给每一个结点分配一个处理机，每一个处理机利用相邻结点传递来的消息和存储于该处理机内部的条件概率表进行计

算，以求得自身的后验概率，并将结果向其相邻结点传播。在实际计算中，贝叶斯网络接收到证据后，证据结点的概率值发生改变，根据证据的扩散与汇聚规则，该结点的处理机将这一改变向它的相邻结点传播；相邻结点的处理机接收到传递来的消息后，重新计算自身的后验概率，然后将结果向其余的相邻结点传播，如此持续直到证据传遍所有结点为止。

图2.4所示单连通网络证据的传播过程如图2.5所示。在图2.5（a）中结点X_1接收到证据，修改自身的概率并将修改后的证据传给邻居结点X_3；在图2.5（b）中结点X_3接收到证据后，重新计算自身的后验概率，然后继续传播给邻居结点X_2，X_5，X_6。若某结点无相邻结点，改变自身概率后停止传播（如结点X_2，X_5，X_6），如此传递，直到证据传遍每个结点。下面以$P(X_6|X_1)$计算为例来说明推理的具体方法。利用条件独立的定义，产生X_6的双亲部分的证据，则得出下式

$$
\begin{aligned}
P(X_6|X_1) &= \sum_{X_3 X_4} P(X_6,\ X_3,\ X_4|X_1) \\
&= \sum_{X_3 X_4} P(X_6|X_3,\ X_4,\ X_1) P(X_3, X_4|X_1)
\end{aligned}
\tag{2.7}
$$

若状态X_3已知，X_6条件独立于X_1，式（2.7）变为

$$
P(X_6|X_1) = \sum_{X_3 X_4} P(X_6|X_3,\ X_4) P(X_3|X_4,\ X_1) P(X_4|X_1)
\tag{2.8}
$$

X_3条件独立于X_1，X_4条件独立于X_1，则

$$
P(X_6|X_1) = \sum_{X_3 X_4} P(X_6|X_3,\ X_4) P(X_3|X_1) P(X_4)
\tag{2.9}
$$

再利用条件独立的定义，产生X_3的双亲部分证据，则

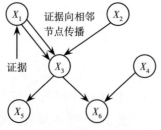
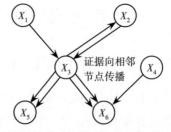

（a）结点X_1将证据传到相邻结点X_3　　　（b）结点X_3将证据传到除X_1外的相邻结点

图2.5　证据在贝叶斯网络中传播

$$P\left(X_6 \middle| X_1\right) = \sum_{X_3 X_4} P\left(X_6 \middle| X_3,\ X_4\right) \sum_{X_2} P\left(X_3,\ X_2 \middle| X_1\right) P\left(X_4\right)$$

$$= \sum_{X_3 X_4} P\left(X_6 \middle| X_3,\ X_4\right) \sum_{X_2} P\left(X_3 \middle| X_2,\ X_1\right) P\left(X_2 \middle| X_1\right) P\left(X_4\right) \quad (2.10)$$

$$= \sum_{X_3 X_4} P\left(X_6 \middle| X_3,\ X_4\right) \sum_{X_2} P\left(X_3 \middle| X_2,\ X_1\right) P\left(X_2\right) P\left(X_4\right)$$

式（2.10）中，所有概率都是已知的，计算结束。此方法的计算时间和空间复杂度是关于网络结点数量的多项式。在通常情况下，该算法在计算父结点数量不太多的贝叶斯网络时，比较简单，但它只适用于单连通网络。

在多连通的情况下，消息传递的双向性，使得消息会在无向环路中循环传播而无法进入稳态，得不到最终结果。为此，许多学者提出了各种弥补的办法，如 Conditioning 方法、Node Aggregation 方法、Star Decomposition 方法。这些方法的主要思想都是对原贝叶斯网络进行变换，将其由多连通的拓扑结构变换为单连通的拓扑结构，然后再利用 Poly Tree Propagation 算法进行计算，最后对计算结果进行处理以还原为待求概率值。

Conditioning 方法[41] 通过引入额外的条件结点，使得原来多连通的图形结构在条件结点的作用下，满足单连通特性，即在条件结点集合 C 中的各结点取值已知的情况下，根据 Pearl 的 D-Separation 判定准则，确定任意两个结点间的有向通路最多一条。该方法在进行推理时，不仅实例化证据结点而且实例化条件结点集合中的各个结点。条件结点集合中各结点的不同组合都需要计算，最后对这些结果加权求和以得到待求概率。它的具体计算公式如下：

$$P\left(X_6 \middle| X_1\right) = \sum_{X_2} P\left(X_6 \middle| X_1,\ X_2\right) P\left(X_2 \middle| X_1\right)$$

$$= \sum_{X_2} \sum_{X_3 X_4} P\left(X_6,\ X_3,\ X_4 \middle| X_1,\ X_2\right) P\left(X_2\right)$$

$$= \sum_{X_2} \sum_{X_3 X_4} P\left(X_6 \middle| X_3,\ X_4,\ X_1,\ X_2\right) P\left(X_3,\ X_4 \middle| X_1,\ X_2\right) P\left(X_2\right) \quad (2.11)$$

$$= \sum_{X_2} \sum_{X_3 X_4} P\left(X_6 \middle| X_3,\ X_4\right) P\left(X_3 \middle| X_1,\ X_2\right) P\left(X_4 \middle| X_2\right) P\left(X_2\right)$$

Conditioning 方法的关键是找出一个最小组合状态数的条件结点集合，即找到一个所包含的各结点的状态之和最小的结点集合，但已证明，寻找这种结点集合的过程，即寻优的过程是 NP-难的，因此只能找到一个次优解。

结点聚合方法是通过对某些结点聚合成一个结点来实现多连通网络向单连通网络转换的，Star Decomposition 方法通过引入新的结点将原贝叶斯网络变成单连通网络。结点聚合方法构成单连通图需要对环路聚集，因此贝叶斯网络中环路越长则聚合结点包含的结点数越多，推理过程的计算量将随结点数的增多呈指数增长；Star Decomposition方法要求原贝叶斯网络任意三个结点的联合概率分布必须满足Star Decomposition准则。

2.2.2　基于组合优化问题的求解方法

基于组合优化问题的求解方法的主要思想是首先利用积链规则（product chain rule）和条件独立性将联合概率分布分解为一系列条件概率表的乘积（参数化）；然后在符号层面上对公式进行交换，改变求和时结点的消元顺序以及求和运算与乘积运算的先后顺序，以达到减少求和和乘积运算量的目的；最后按照变换后的公式进行逐步乘积和求和运算以得到待求结果。该算法过程简单，应用广泛，对单连通和多连通贝叶斯网络都适用。目前，这类方法主要有Symbolic Probabilistic Inference（SPI）方法和Bucket-Elimination方法[42-43]。

SPI方法把概率推理看作组合优化问题。该方法将每个条件概率表包含的结点作为原始集合列表。在求解时首先从n个集合中取出两个，对这两个集合进行组合得到一个新的集合，然后将新的集合加入到原来的集合列表中，此时，集合列表将只有$n-1$个集合。重复上面步骤直到集合列表只有一个集合为止。SPI方法的目的是寻找一个最优的组合过程，使得该过程中组合的总代价最小。

Bucket-Elimination方法，又名桶消元算法，采用了另一种寻优算法，是SPI方法的一个子集例。该方法通过对除假设变量与证据变量外的所有变量指定一个消元顺序，对每个变量定义一个桶，然后对联合概率分布进行因子分解，每个因子函数对应放入它的序号最大的变量对应的桶中。按照消元顺序，依次将各桶中的变量消去，生成的新函数仍然放入它的序号最大的变量对应的桶中，直到最后剩下假设变量和证据变量构成的联合分布的因子函数集合，利用公式计算假设变量的概率分布，达到了减少运算量的目的。

例如，对图2.3的贝叶斯网络，假设变量都为二值状态（真和假），分别用1和0表示，则贝叶斯网络图形化表示的联合概率分布是

$$P(f,\ e,\ d,\ c,\ b,\ a) = P(f|e)P(e|c,\ b)P(d|b,\ a)P(c|a)P(b|a)P(a)$$

$$(2.12)$$

现给定证据$f = 1$，消元顺序$d = A,\ C,\ B,\ E,\ D,\ F$。求假设变量$A$的信

度为 $P(a|f=1)$。桶元算法的执行过程如图2.6所示，图中箭头指示的函数是经过消元处理后新产生的因子函数。

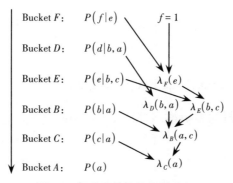

图2.6　桶消元算法的执行过程

在执行过程中，根据消元顺序，首先处理Bucket F，由于F是证据变量，所以将$f=1$代入因子函数域$P(f|e)$中，消掉变量F，产生新的因子函数$\lambda_F(e)$，并将其放入变量E对应的桶Bucket E中。接着处理Bucket D，利用求和消元算法，产生新的因子函数$\lambda_D(b,\ a)=\sum_A P(d|b,\ a)$，该因子函数中序号最大的变量是$B$，所以将该因子函数放入到Bucket B中。下一个桶是Bucket E，该桶含有两个因子函数域$P(e|b,\ c)$和$\lambda_F(e)$，根据求和消元算法，将产生一个新的因子函数$\lambda_E(b,\ c)=\sum_E P(e|b,\ c)\lambda_F(e)$，将其放入到消元顺序最大的变量对应的Bucket B中。接着处理Bucket B，同理，根据求和消元算法，产生新的因子函数$\lambda_B(a,\ c)=\sum_B P(b|a)\lambda_D(b,\ a)\lambda_E(b,\ c)$，并将它放入到Bucket C中。再处理Bucket C，产生$\lambda_C(a)=\sum_C P(c|a)\lambda_B(a,\ c)$，并将其放入到Bucket A中。最后，在Bucket A中，计算变量A的信度，即$P(A=a|f=1)=P(a)\lambda_C(a)$。

对于一个贝叶斯网络，在指定结点顺序后，如果父结点的序号总是小于其所有子结点的序号，称这种顺序为拓扑逻辑顺序。按照给定的拓扑逻辑顺序进行消元时，可以跳过同时满足以下条件的桶：① 该桶不包含假设变量；② 该桶不包含证据变量；③ 该桶中没有新的因子函数。为了简化计算过程，可预先识别出符合这样条件的桶，因为它不会影响最后的计算结果，所以可以跳过，直接计算后面的桶。还以图2.3为例，若给定的证据$e=1$，求变量A的概率分布，结点的消去顺序仍为$d=A,\ C,\ B,\ E,\ D,\ F$。依序首先处理Bucket F：

$\sum\limits_{f\in F} P\left(f\,|\,e\right)=1$，对后面的计算没有影响，可以跳过；再处理 Bucket D：$\lambda_D\left(b,\ a\right)=$ $\sum\limits_D P\left(d\,|\,b,\ a\right)=1$，同样也可跳过。在处理 Bucket E 时，由于存在证据 $e=1$，所以不能跳过，后面的桶也都不能跳过。因此在进行桶消元时，可以直接从 Bucket E 开始计算。

2.2.3　基于 Clique Tree Propagation 的方法

如今，最为流行的精确推理算法是 Lauritzen 和 Spiegelhalter 提出的 Clique Tree Propagation 算法[44-46]，即团树传播算法。这种算法可用于单连通和多连通贝叶斯网络计算。当存在多个询问结点时，应用该算法非常便捷。它采用另一种图形表达方式（相对于贝叶斯网络的表达方式而言）——用 Clique Tree 来表示联合概率分布，主要思想是将贝叶斯网络转化为团树，然后通过定义在团树上的消息传递过程来进行概率计算。采用该方法进行推理的第一步就是构建一棵团树，目前有几种不同的方法，通常采用 Jensen 提出的方法，用该方法构建的团树习惯上被称作联合树（junction tree），所以团树传播方法也称为联合树算法。根据消息传递方案的不同，联合树算法可分为：Shafer-Shenoy 联合树算法和 Hugin 联合树算法[47]。

联合树是一个无向图，其中的每一个结点为一个团，每一个团是由一组随机变量构成的，是无向图中最大的全连通子图。用一个分隔结点 S 将两个相邻的团结点 C_i 和 C_j 相连，分隔结点 S 中的随机变量是结点 C_i 和 C_j 中包含的随机变量集合的交集：$S=C_i\bigcap C_j$。将贝叶斯网转化为联合树后，必须将贝叶斯网中的条件概率表（CPT）转换到联合树中，即为联合树的所有结点指定参数。联合树的每一个结点 C（包括团结点和分隔结点）对应的参数称为该结点的分布函数，已将团结点中随机变量的每一种取值组合映象为一个不小于零的数，该数被习惯称作 Potential，用 Φ_C 表示。对联合树中所有结点指定的分布函数 Φ_C，必须满足：

$$P(U)=\frac{\prod\limits_{C\in\text{Cluster}}\varphi(C)}{\prod\limits_{S\in\text{Seperator}}\varphi(S)} \tag{2.13}$$

式（2.13）中，$P(U)$ 是贝叶斯网络表示的联合概率分布。图2.3所示的贝叶斯网络对应的联合树如图2.7所示。构造联合树的过程是一个寻优过程，经证明是 NP-难的，因此经常采用启发式贪婪搜索得到一个次优解。

图2.7　图2.3贝叶斯网络对应的联合树

联合树算法也采取了消息传递的思想，在推理过程中，消息会依次传遍联合树的每一个团结点。若联合树中任意两个相邻团结点 C_i，C_j，分隔结点 S 将它们相连，且满足 $\sum_{C_i \backslash S} \Phi_{C_i} = \Phi_S = \sum_{C_j \backslash S} \Phi_{C_j}$，则称该联合树满足全局一致性。通过结点间的消息传递，可以使联合树达到全局一致。当联合树满足全局一致性时，消息传递结束。消息传递过程可分为两个阶段：证据收集阶段（collect-evidence）和证据扩散阶段（distribute-evidence）。

首先，任意选取一个团结点 C 作为根结点，证据收集阶段（collect-evidence），是从离 C 最远的结点开始，每一个结点沿接近 C 的方向，向它的相邻团结点传递一个信息，共传递 $n-1$ 次信息（n 是联合树中结点的数目）。联合树的每一个叶结点将信息传递给其父结点之后，父结点更改分布函数，在其所有子结点收到消息之后，继续向上传递消息，直到根结点获得所有消息为止。

证据扩散阶段（distribute-evidence），是从 C 开始，沿远离 C 的方向，每一个结点向它的邻居结点传递一个信息，共传递 $n-1$ 次。从根结点开始向下传递消息，子结点接收到来自其父结点的消息，将消息加入到其分布函数中，并将消息继续向下传递，直到消息传遍整棵树的每一个结点。由于联合树算法对应的图形结构是一棵树，不会出现Poly Tree Propagation算法在多连通情况下消息往复传递的问题。

在联合树满足全局一致性后，即系统达到稳态时，便可以计算原贝叶斯网络中任意随机变量 V 的概率分布。找到任意一个包含变量 V 的团结点 C，通过 $P(V) = \sum_{C \backslash \{V\}} \Phi_C$ 可计算出变量 V 的分布。如果又有新证据加入，重复证据收集和证据扩散的过程即可。当联合树再次满足全局一致性时，便可求出变量 V 的概率分布域 $P(V|e)$（e 表示加入的证据）。

上面介绍的是Hugin联合树算法，与它相比，Shafer-Shenoy联合树算法[48]消息传递方案和传递方法都与其存在差异，它无需选定根结点，可以从任意结点开始消息传递。在一次消息传递过程中，传递给团结点的消息被保存在连接它与其邻结点的分结点中，团结点 C_i 通过分隔结点 S 传递给 C_j 的消息为

$$\Phi_{s*} = \sum_{C_j \backslash S} \Phi_{C_i} \prod_{S' \in \text{Neighbor}(C_i) \backslash S} \Phi_{S'} \tag{2.14}$$

求团结点分布函数的公式为

$$\Phi_{c_j^*} = \Phi_{C_i} \prod_{S' \in \text{Neighbor}(C_i)} \Phi_{S'} \qquad (2.15)$$

除了前面介绍的几种目前较流行的精确推理算法外，还有一种推理算法——图归约法（graph reduction）[49]。该算法是Shachter于1990年提出的，它同样利用贝叶斯网络结构对联合概率分布进行参数化，但采用结点消元的方式来模拟边缘概率的计算，利用图形的转换来实现其他算法中的求和运算，降低了直接边缘化计算时复杂的计算量。假设有贝叶斯网络G，它的联合概率分布为$P(X_1, \cdots, X_n)$，若计算域为X_1，利用求和消元的方法计算时间复杂度非常高。而图归约的方法可以在计算过程中利用图形结构特征实现局部计算，可大大提高计算效率。

2.2.4　贝叶斯网络精确推理算法的计算复杂度

在贝叶斯推理算法中，各种算法都是针对联合概率分布寻找一种有效的参数化方式，然后寻求计算局部化[50-52]。在精确推理中，各种推理算法都有其各自的优点，但都存在一定的计算复杂度，文献［47］对各种不同推理算法进行了试验比较。Poly Tree Propagation算法直接利用贝叶斯网络进行参数化，然后利用消息传递实现计算局部化，其计算时间和空间复杂度是关于网络结点数量的多项式，且只适用于单连通网络。对于多连通网络，Conditioning方法引入了额外的条件结点，但随着条件结点的增多，此方法的计算时间复杂度呈指数增长，如果环路较多，则计算量会急剧增大。而结点聚合方法是通过将贝叶斯网络中的环路聚集成一个结点的方法把多连通网转化为单连通网，但整个推理过程的计算量与聚集结点中的结点数呈指数增长。Star Decomposition方法通过引入一个新的结点，将原贝叶斯网络变成单连通，再进行推理，但前提是贝叶斯网络必须满足Star Decomposition判定准则。

为了避免消息在多连通图无向环路内的往复传播，可以采用Clique Tree效率。不过在连接复杂的网络中，生成的Clique将会含有大量结点，计算时间随着Clique中结点增多而呈指数增长，但其应用面依然很大。目前，应用广泛的是Junction Tree方法，它通过构造Moral图和三角化Moral图，找出团结点并构造联合树，然后通过定义在联合树上的消息传递过程，进行概率计算。在构造联合树过程中最大团结点的大小和消息传递过程中消息传递方案的优劣是影响

Junction Tree方法计算时间和空间复杂度的关键问题，选择不当会使计算量急剧增加。Junction Tree算法的计算量主要集中在消息传递上，每个结点都要进行两次消息处理，还需要存储分隔集的状态消息，使得基于联合树的一次推理过程的时间复杂度是基于Bucket-Elimination方法的2倍，但是该算法在完成一次推理过程后，可以计算任意次不同变量的后验条件概率，因此Junction Tree算法的空间复杂度增加了，但其时间复杂度降低了。文献［53］在联合树算法中加入Bucket-Elimination方法，使联合树算法的时间和空间复杂性进一步降低。在联合树算法中普遍使用的是基于Hugin消息传递方案，在初始化产生消息时使用的是树的团结点的分布函数，求和消元时的计算量很大。因此，应用Bucket-Elimination方法产生消息，使用团结点分布函数的因子函数集合进行计算。在每次消息传递中采用Bucket-Elimination方法的消息传递过程，即因子函数集合里不包含分割结点变量的函数直接传递，包含分割结点变量的函数经过求和消元产生新的因子函数再传递。由于消息传递时可以直接识别出符合归一化条件的因子函数，因此避免了无谓的大量计算，进一步提高了算法的计算速度，而且节省了存储空间。可见虽然如今的算法依然是NP-难的，但是经过各种改进，其实用性将会越来越高。

基于组合优化的方法直接针对联合概率分布的组合爆炸问题，通过定义一个组合优化问题来寻找一个最优的乘积和求和顺序，以得到计算某概率所需的最少计算量和计算过程。理论上该算法可以使计算时间减少到最低限度，但是其寻优过程是NP-难的，只能寻找到一个次优解。以次优解为基础的计算效率同当前流行的团树传播算法相当[52]。在桶消元算法过程中，依据序号d进行的桶消元算法的时间和空间复杂性为$o\left(\left(n-|e|\right)r^{w}\right)$。其中，$n$表示网络中变量的数目，$r$表示变量的最大取值个数，$w$表示推理图的宽度，$|e|$表示证据结点的数目。可见，增加证据结点的数目，可以降低该算法的复杂性。我们可以预先对某些结点进行赋值，利用桶消元算法对证据结点的特殊处理这一特点，简化算法的计算复杂性。而且可以增加同时进行并行计算的因子子集合的数量，进一步减少计算时间，从整体上提高算法的计算速度和效率。

Graph Reduction方法是利用图形消元的方式来模拟概率边缘化求和过程，以此降低计算量。但在对图形变换时需要应用Arc Reversal操作，变换时间随子结构中涉及的结点数的增多呈指数增长。

2.3　贝叶斯网络的近似推理

有效的贝叶斯网络推理算法是贝叶斯网络的重要内容，也是其应用的前提。Cooper在1990年证明了在任意结构贝叶斯网络上的精确推理都是NP-难的[40]。所以，人们越来越多地关注近似算法。目前，已经提出了多种近似推理算法，这些算法都采取一定的方式在运行时间和推理精度上寻求一个折中，力求在较短的时间内给出一个满足精度要求的结果。这些算法随着计算时间的增长，计算精度变高。贝叶斯网络的近似推理算法主要分为两大类：一类是基于搜索的方法，一类是基于仿真的方法。

2.3.1　基于搜索的方法

基于搜索的方法[54]认为既然概率问题是一类组合问题，那么可以将所需要计算的各个变量的不同组合看作一个状态空间。在这个状态空间中存在一些状态，它们对最后的计算结果会产生较大影响，而另外一些状态则影响甚微，由此可以通过启发式搜索的方法，在整个状态空间中进行搜索，以寻找到这些状态，从而以这些状态代替整个状态空间参与运算，达到提高计算效率的目的，并且在计算结束时能够给出一个较精确的解答。

该方法的基本思想是通过对贝叶斯网络结点的组合状态所构成的空间进行搜索，以希望通过利用少量的组合状态得到近似计算结果。这类方法往往又称作部分精确计算方法，它在计算过程中主要通过只完成一部分计算工作来得到一个近似结果。该算法随着计算时间的增加，其计算结果越来越精确。如Poole提出的基于"conflicts"的搜索方法[55]，Santos和Shimony提出的"Deterministic Approximation"方法[56]。

2.3.2　随机模拟方法（基于仿真的方法）

随机模拟方法又称为Monte-Carlo法，是一种常用的近似推理算法。该方法首先对贝叶斯网络表示的联合概率分布进行随机抽样，以产生足够的样本，然后根据这些样本，通过频率计算来获得变量的概率值。当前提出的采样方法主要有：Forward Sampling[57-58]，Backward Sampling[59]，Importance Sampling[60]和Markov Chain Sampling[61]。这些采样方法的目的是设计一套算法，能够以最快的速度产生满足统计计算要求的样本。Forward Sampling为了避免直接在复杂的联合概率分布上采样，采用了一种局部采样方法，每次计算只改变一个结点的值，所有结点被处理一次将得到一个样本。该方法的缺点是当抽样产生的值与证据不一致时就抛弃这次抽样产生的样本。Backward Sampling 方法允许从证据结点开始逆向采样，从而弥补了 Forward Sampling 方法的缺点。Importance Sampling 方法引入另外一个近似于原来分布的更简单的分布，在此基础上进行采样。Markov Chain Sampling 方法不对证据结点采样，始终取与证据相一致的值；对非证据结点抽样时，不是对其条件分布抽样，而是首先计算出在其他结点（包括证据结点）的值给定的条件下抽样结点的条件分布，然后再对该条件分布进行抽样。

2.4 贝叶斯网络的研究课题及应用

目前，国内外许多研究机构都对贝叶斯网络进行了深入研究。这些研究主要集中在以下三个方面：贝叶斯网络的学习、贝叶斯网络的推理和贝叶斯网络的应用。

2.4.1 贝叶斯网络的学习

贝叶斯网络的学习一般包括两部分，即结构学习和参数学习。而主要部分是贝叶斯网络结构的学习，因为参数学习依赖于贝叶斯网络结构。根据样本数据或训练集数据的不同性质，每一部分均包括实例数据完备和实例数据不完备两种情况。网络结构学习的目的是确定贝叶斯网络的拓扑结构，主要方法包括基于贝叶斯统计测度的方法和基于编码理论测度的方法。网络参数学习用于确定贝叶斯网络中各结点的条件概率表，主要方法包括基于经典统计学的学习和基于贝叶斯统计学的学习。

2.4.2 贝叶斯网络的推理

贝叶斯网络的推理方法一般分为精确推理（即精确计算概率值）和近似推理（即近似计算概率值）两种，主要研究高效的推理算法。目前，精确推理算法主要有多树传播算法、团树传播算法、图约减算法和组合优化算法等。这些推理算法都没有摆脱显式求和的计算方式，其计算量都是随着问题规模的增多呈指数增长，而且有各自的特点。其中，团树传播算法的适用面相对较大，因为该方法基于一个更简单的图形结构——树，其灵活性和适应面都比较好，在实际应用中，基于团树结构的连接树传播算法应用较为广泛。因为任意复杂结构的贝叶斯网络推理计算的最坏时间复杂度是指数级问题，因此对贝叶斯网络推理的研究转向近似推理算法的研究。

2.4.3 贝叶斯网络的应用

贝叶斯网络的应用主要包括基于贝叶斯网络的知识表达、相应的软件工具开发、基于贝叶斯网络的实例应用等。通常，贝叶斯网络的应用过程由学习阶段和应用阶段两个阶段构成。在学习阶段主要是利用训练数据集构建贝叶斯网络；在应用阶段主要是利用实际获取的数据，选用适当的推理算法，在网络上经过推理得到输出结果。

有效的推理和学习算法大大推动了贝叶斯网络的发展和应用。贝叶斯网络首先在专家系统得到了广泛应用，随着可以商业应用的贝叶斯网络分析软件的产生，贝叶斯网络得到了推广，其成为概率知识表达强有力的工具，在很多领域得到了广泛应用，取得了丰硕成果，并逐步走向实际应用。日前，贝叶斯网络的主要应用领域包括：

（1）故障诊断。根据发生的故障特征，找出发生故障的原因。典型应用实例[62]有：

①Intel公司的微处理器故障诊断系统；

②美国通用电气公司的辅助汽轮机故障诊断系统；

③美国航空航天局和Rockwell公司联合研制的太空船推进系统故障诊断系统；

④美国国家科学研究会研制的核电站状态评估系统；

⑤惠普公司打印系统的故障诊断决策支持系统。

（2）专家系统。提供专家水平的推理，模拟人的智能，解决专业领域内的实际问题。典型应用实例有：

①Cpcsbn远程医疗系统；

②J规划（planning）。

（3）军事决策支持。在军事目标自动识别、作战意图自动估计、无人自动驾驶等方面获得成功应用。典型应用实例有：

①Lockheed Martin公司的水下无人驾驶车辆自动控制系统；

②美军作战意图自动估计系统；

③美军军事目标自动识别系统；

④ Mitre公司的武器限时反应系统和舰船防卫系统。

（4）经济领域应用。包括金融市场分析、软件智能帮助系统设计和软件故障诊断等。典型应用实例有：

① 微软公司的Windows 2000和Office系列产品助手；

② 微软公司的Pregnancy and Child Care Center系统；

③ 金融市场分析。

（5）信息融合。

（6）自动驾驶系统。

（7）信息智能检索。

（8）基于概率因果关系的数据挖掘。

从上述应用可以看出，在众多领域的实践应用中，贝叶斯网络都取得了令人瞩目的成功[36]。

2.5 本章小结

本章首先介绍了贝叶斯网络研究中涉及的一些基本概念，包括D-Seperation判定准则、单连通贝叶斯网络和多连通贝叶斯网络等。接着介绍了贝叶斯网络推理问题和当前的一些推理算法，包括精确计算概率值的精确推理算法（Poly Tree Propagation算法、Clique Tree Propagation算法、Bucket-Elimination算法等）和近似计算概率值的近似推理算法（基于Monte-Carlo法的算法和基于搜索方法的算法）。最后给出了贝叶斯网络的研究方向和应用领域。

第3章 机械系统可靠性评估的贝叶斯网络模型

3.1 引言

现代机械产品如大型机床、飞机发动机、轮船等的日益大型化与复杂化对可靠性评估方法也提出了越来越高的要求。

对于多个单元组成的复杂产品，由于费用和试验组织等方面的原因，不可能进行大量系统级可靠性试验，如何充分利用单元和系统的各种试验信息对系统可靠性进行精确的评估是一个复杂的问题[63]。

在可靠性发展的过程中，为了对系统进行可靠性定量和定性分析。人们提出了许多分析方法。其中模型分析方法因其优越性脱颖而出。众多模型分析方法主要可以归结为两类：一类是组合法，包括可靠性框图法、故障树分析法等；另一类是状态法，包括基于 Markov 过程的方法和基于 Petri 网模型的方法。组合法描述能力差，基本元件之间受元件独立条件的约束，但模型表达内容清晰，容易理解，计算量相对来说较小；状态法描述能力强，但模型不易理解，且计算复杂，必须用计算机才能完成，基本元件之间不受元件独立条件的约束，但系统和元件在每个状态的分布必须要满足指数分布的要求。可以说，组合法和状态法都有一定的局限性。而贝叶斯网络能表示变量的随机不确定性和相关性，并能进行不确定性推理。图形化显示，使得模型表达清晰直观，易于理解；贝叶斯网络应用的是基于概率的推理方法，计算简单，且容易应用计算机来实现；并且基本元件之间不受元件独立条件的约束；元件或系统在每个状态的分布不限于指数分布的要求。可以说，贝叶斯网络克服了现有组合法和状态法的缺点，在一定程度上解决了可靠性分析困难的问题，具有极大的应用和发展空间。

将贝叶斯网络（BN）技术应用于系统的可靠性评估，能很好地弥补以上传统可靠性评估方法的不足之处。因为 BN 能很好地表示变量的随机不确定性和相关性，并能进行不确定性推理。文献［64-67］提出了把 BN 应用于电力系统可靠性评估中，由于电力系统的构成与机械系统有一定的差别，电力系统结构关系相对简单，而机械系统部件结构关系复杂，失效形式多样，因此如何将 BN 应用于一般的机械系统，就成为可靠性研究者的一个新课题。

本书在详细分析贝叶斯网络特点的基础上，研究将贝叶斯网络应用于复杂机械系统可靠性评估的方法，并对系统失效时元件的条件失效概率进行深入分析，与系统工程中几种常用重要度进行了对比分析，给出相应的验证实例。

3.2 BN 应用在机械系统可靠性评估中的优势

故障树分析（Fault tree analysis，FTA）是一种对复杂系统的可靠性、安全性进行分析的有效工具，它把所研究系统的最不希望发生的故障状态作为故障分析的目标，然后寻找导致这一故障发生的全部因素，再找造成这些因素发生的下一级全部直接因素，一直追查到那些原始的、无需再深究的因素为止。利用故障树可以分析系统发生故障的各种途径，计算各个可靠性特征量，对系统的安全性和可靠性进行评价。

FTA 是机械系统可靠性常用的评估方法之一，由于它是一种图形方法，故而形象、直观。又由于它是故障事件在一定条件下的逻辑方法，因此可以围绕一个或一些特定的失效状态，进行层层追踪分析，在清晰的故障树图示下，能了解故障事件的内在联系及单元故障与系统故障间的逻辑关系。FTA 有许多优点，如有利于弄清系统的故障模式，找出系统可靠性的薄弱环节，提高系统可靠性的分析精度；能进行定性定量分析计算，求出复杂系统的失效概率和其他可靠性特征值，为改进和评估系统的可靠性提供定量依据。

FTA 通常适用于故障机理确定、故障逻辑关系清晰的系统，因为它对系统的故障状态作了很多假设，这主要体现在两方面：事件状态的二态性和故障逻辑关系的确定性。FTA 中的事件都只有两种状态：故障和正常。但很多事件却具有多态性，比如对于电动机，它除了故障和正常两种状态外，还具有低于额定转速的其他故障状态，而 FTA 难以描述具有多态性的事件。FTA 中的逻辑门描述的都是确定性逻辑关系，需要上一级事件与下一级事件之间具有明确的因果关系。但对于许多复杂系统，有多种可能性导致其发生故障，上一级事件与下一级事件之间不存在确定的因果关系，这种情况下采用概率的方法描述更为合适，而逻辑门却不具有描述概率的能力[68]。

近年来发展起来的 BN 技术，从推理机制和系统状态描述上来看，它和 FTA 有很大的相似性。而且 BN 还具有描述事件多态性和故障逻辑关系非确定性的能力，更加适合于对复杂系统的安全性和可靠性进行分析。

3.2.1　故障树与贝叶斯网络的推理过程

从构造和应用方面来看，故障树与贝叶斯网络非常类似，它也具有推理功能，也是一种知识表达。

当采用故障树进行推理时，如果从故障树的顶端向下分析，可以找出系统的故障与哪些底事件有关，从而全面查清引起系统故障的各种原因；如果由树的下端往上追溯，则可以分辨各个底事件对系统的影响途径和程度，从而评价各零部件的故障原因及其对保证系统可靠性、安全性的重要程度。这是故障树的推理过程。贝叶斯网络不但具有这种推理功能，而且还可以对各推理要素进行定量描述，这反映在网络信息的传播与更新方面。

3.2.2　系统结点失效概率求解

在故障树分析中，计算顶事件和中间事件发生概率需要首先求解所有最小割集（最小路集），然后利用容斥原理进行精确计算，或采用相斥近似或独立近似进行近似计算。而在贝叶斯网络中无须求解割集，利用联合概率分布可以直接计算系统结点的失效概率，即对应故障树中的顶事件 T 的发生概率：

$$P(T=1) = \sum_{E_1, \cdots, E_{M-1}} P\big(E_1 = e_1, \cdots, E_{M-1} = e_{M-1}, T = 1\big) \tag{3.1}$$

其中结点 $E_i(1 \leqslant i \leqslant M-1)$ 对应故障树中的中间事件和底事件，$e_i \in \{0, 1\}$ 用来表征事件 E_i 发生与否，M 为贝叶斯网络中结点的数目。

3.2.3　用于贝叶斯网络求解结点元件重要度

在贝叶斯网络中，利用其推理算法（如团树传播算法、桶排除算法等），可以很容易求得根结点 E_i，即对应故障树中的底事件 E_i 的重要度：

概率重要度：

$$I_i^{Pr} = P\big(T = 1 | E_i = 1\big) - P\big(T = 1 | E_i = 0\big) \tag{3.2}$$

结构重要度：

$$I_i = P\big(T = 1 \,|\, E_i = 1, \; P(E_j = 1) = 0.5, \; 1 \leqslant j \neq i \leqslant N\big) -$$
$$P\big(T = 1 \,|\, E_i = 0, \; P(E_j = 1) = 0.5, \; 1 \leqslant j \neq i \leqslant N\big) \tag{3.3}$$

关键重要度：

$$I_i = \frac{P(E_i = 1)\big(P(T = 1 \,|\, E_i = 1) - P(T = 1 \,|\, E_i = 0)\big)}{P(T = 1)} \tag{3.4}$$

3.2.4　用于诊断的后验概率

除此之外，利用贝叶斯网络还能得到更加丰富的信息，比如在某事件 E_i 发生后，其他事件发生的后验概率为

$$P\big(E_i = 1 \,|\, E_j = 1\big) =$$
$$\frac{\displaystyle\sum_{\substack{E_1,\,\cdots,\,E_{i-1},\,E_{i+1},\,\cdots,\\ E_{j-1},\,E_{j+1},\,\cdots,\,E_M}} P\big(E_k = e_k, \; E_i = 1, \; E_j = 1, \; 1 \leqslant k \leqslant M, \; k \neq i, \; k \neq j\big)}{P\big(E_j = 1\big)} \tag{3.5}$$

利用这些信息，既可以进行推理，又可以进行诊断，因而转化后得到的贝叶斯网络具有更强的建模分析能力。

本章采用 BN 技术对故障树进行分析，建立新的机械系统可靠性评估模型，研究采用 BN 来描述 FT 的可行性，以展示 BN 对系统故障状态强大的描述能力。

3.3　基于 FT 建立模型的方法

在机械系统中，常常应用 FTA 法进行系统可靠性评估，但是由于 FTA 的局限性，应用贝叶斯网络进行系统的评估和分析，不需要计算系统的最小割集和最小路集，避免了不交化计算，形式直观。在已建立系统 FT 的情况下，可以将 FT 直接映射成贝叶斯网络。下面就来详细说明基于 FT 建立贝叶斯模型的方法。

FT 是将系统故障的各种原因，由总体至部分，按照倒树枝状结构，自上而下逐层细化的分析方法。BN 模型的建立与故障树的结构是一一对应的，不同的是 BN 将故障的各种原因，由部分至总体，按照自下而上的分析方法，呈树枝形状开展分析。根据建立 BN 的一般步骤，总结以上基本的逻辑门转化到等

价的各结点状态为二值的 BN 的实例，得出从 FT 转化到 BN 主要分为以下几步：

①确定与建立模型有关的变量及其解释：把 FT 的每个基本事件对应到 BN 的根结点。对于 FT 的每个逻辑门，建立 BN 中相应的结点，FT 中多次出现的相同基本事件，在 BN 中可合并为一个根结点。

②建立一个表示条件独立断言的有向无环图：根据逻辑门及 BN 中相应的结点，用有向弧连接根结点和各叶结点以标明父代和子代之间的关系。

③指派各个变量的条件概率，生成概率分布表：对应 FT，给出 BN 的根结点的先验概率。对于每个逻辑门，对相应的结点附加等价的 CPT。由门的逻辑关系可知，这种相应的 CPT 可自动生成。

对于复杂系统的 FT，由于相应的结点之间的关系已经在图中标出，即父代和子代的关系已经确定，从而依照上述步骤可建立相应的 BN。

BN 中的结点与故障树中的事件是一一对应的，BN 中的条件概率分布是故障树中逻辑门关系的反映。基于此原则，文献 [69-71] 将故障树中多种逻辑门用 BN 来表达，讨论了 FT 向 BN 转化的方法：包括事件、逻辑门与结点的映射关系，事件之间的逻辑关系，条件概率分布之间的映射关系。现在用下面的例子详细说明基于 FT 建立 BN，以及进行可靠性评估的过程。

3.3.1　阀结构 BN 模型的建立

图 3.1 为由阀结构可靠性框图、FT 到 BN 建立的过程。对于如图 3.1（a）所示的系统，系统由三个阀 V_1，V_2，V_3 组成，V_1，V_2 并联后同 V_3 串联，系统功能定义为从 A 到 B 流体通道畅通，阀正常状态为 "通"、失效状态为 "断"。故障树如图 3.1（b）所示，图中 T 表示系统故障事件（顶事件），X_1，X_2，X_3 表示底事件，M 为一个中间状态事件，X_1，X_2 并联。图 3.1（c）为建立的阀结构 BN模型。

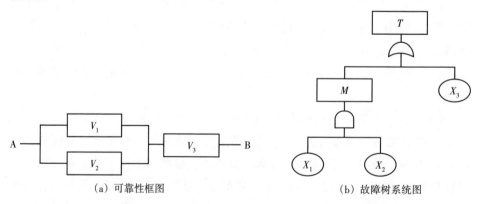

（a）可靠性框图　　　　　　　　　（b）故障树系统图

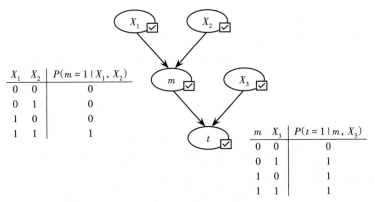

（c）建立的阀结构 BN 模型

图3.1　阀结构可靠性框图、FT 到 BN 的建立过程

由图3.1可以看出，BN 模型和 FT 是一一对应的，底事件 X_1，X_2，X_3 转换成结点 x_1，x_2，x_3，中间事件 M 和顶事件 T 转换成关联结点 m 和 t。其中关联结点用条件概率表进行分析，表中1表示故障，0表示正常。

建立 BN 后，便可依据1.2节中的精确推理算法或近似推理算法进行可靠性指标的计算[72]。

$$
\begin{aligned}
P(t=1) &= \sum_{x_1, x_2, x_3, m} P(x_1, x_2, x_3, m, t) \\
&= \sum_{x_3, m} P(t=1|m, x_3) \sum_{x_1, x_2} P(m|x_1, x_2) P(x_1) P(x_2) \\
&= \sum_{x_3, m} P(t=1|m, x_3) P(x_1=1) P(x_2=1) \\
&= 1 - \left(1 - P(x_1=1) P(x_2=1)\right) P(x_3=0)
\end{aligned}
\tag{3.6}
$$

当阀 V_1，V_2，V_3 的故障概率已知时，即可以通过上式推导出系统故障的概率。

3.3.2　带式输送机系统可靠性评估

带式输送机常见的故障形式有驱动装置不正常（电动机故障、减速机断轴、逆止器损坏等）、工作装置不正常（输送带跑偏、输送带打滑、输送带损坏等）、滚筒组失效等。

算例：假设 FT 中的底事件之间相互独立，并且零部件和系统均只存在两种状态。系统元件服从指数分布，表3.1为基本元件的故障率及当 $t=1\,a$ 时基本元件的故障概率。

根据带式输送机的组成和工作原理，以"带式输送机驱动装置工作不正常"为FT的顶事件，对各种故障模式进行分析研究，建立带式输送机驱动装置FT，如图3.2所示。整个FT共7个逻辑门，16个底事件，6个中间事件。顶事件通过或门与3个中间事件相联系，2个中间事件通过或门与相应的中间事件、底事件相联系，1个中间事件通过与门与相应的底事件联系。

表3.1　算例1的参数

元件	故障率/（$10^{-7} h^{-1}$）	故障概率	元件	故障率/（$10^{-7} h^{-1}$）	故障概率
X_1	8.2200	0.00686	X_9	0.0522	0.00050
X_2	9.2800	0.00770	X_{10}	0.0869	0.00080
X_3	7.8100	0.00653	X_{11}	0.0290	0.00030
X_4	2.9700	0.02530	X_{12}	0.0406	0.00040
X_5	0.0053	0.00005	X_{13}	0.0522	0.00050
X_6	0.0522	0.00050	X_{14}	0.0231	0.00020
X_7	0.2898	0.00250	X_{15}	1.1300	0.00970
X_8	0.0058	0.00010	X_{16}	1.8100	0.01550

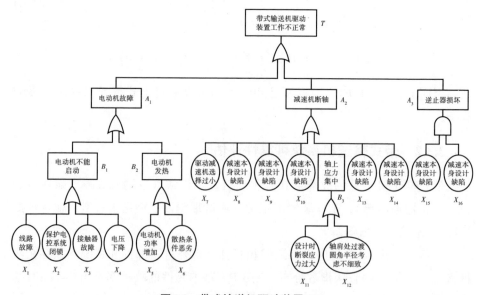

图3.2　带式输送机驱动装置FT

　　按照前面FT映射BN的方法建立本算例的带式输送机驱动装置BN模型，如图3.3所示，由于篇幅关系，将结点的条件概率表略去。其中A_3为与门结点，T，A_1，A_2，B_1，B_2，B_3为或门结点。1表示故障，0表示正常。

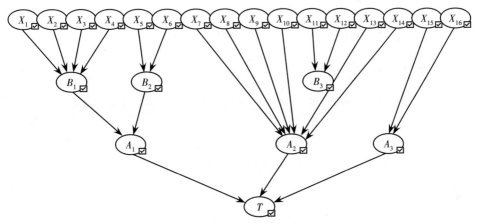

图3.3　带式输送机系统驱动装置BN模型

　　应用贝叶斯网络精确推理算法——桶消元（Bucket-Elimination）算法，图3.3中系统非正常工作概率的计算过程如下：

$$
\begin{aligned}
P(B_1 = 1) &= \sum_{x_1, x_2, x_3, x_4, B_1} P(x_1,\ x_2,\ x_3,\ x_4,\ B_1) \\
&= \sum_{X_1} P(x_1) \sum_{x_2, x_3, x_4} \Big[P(B_1 | x_2,\ x_3,\ x_4) P(x_2) P(x_3) P(x_4) \Big] \\
&= 1 - P(x_1 = 0) P(x_2 = 0) P(x_3 = 0) P(x_4 = 0) \\
&= 1 - \big(1 - P(x_1 = 1)\big)\big(1 - P(x_2 = 1)\big)\big(1 - P(x_3 = 1)\big)\big(1 - P(x_4 = 1)\big)
\end{aligned}
\tag{3.7}
$$

$$
\begin{aligned}
P(B_2 = 1) &= \sum_{x_5,\ x_6,\ B_2} P(x_5,\ x_6,\ B_2) \\
&= \sum_{X_5} P(x_5) \sum_{x_6} \Big[P(B_2 | x_6) P(x_6) \Big] \\
&= 1 - P(x_5 = 0) P(x_6 = 0) \\
&= 1 - \big(1 - P(x_5 = 1)\big)\big(1 - P(x_6 = 1)\big)
\end{aligned}
\tag{3.8}
$$

$$P(B_3 = 1) = \sum_{x_{11},\ x_{12},\ B_3} P(x_{11},\ x_{12},\ B_3)$$

$$= \sum_{X_{11}} P(x_{11}) \sum_{x_{12}} \left[P(B_3|x_{12}) P(x_{12}) \right] \qquad (3.9)$$

$$= 1 - P(x_{11} = 0) P(x_{12} = 0)$$

$$= 1 - \left(1 - P(x_{11} = 1)\right)\left(1 - P(x_{12} = 1)\right)$$

$$P(A_1 = 1) = \sum_{B_1,\ B_2,\ A_1} P(B_1,\ B_2,\ A_1)$$

$$= \sum_{B_1} P(B_1) \sum_{B_2} \left[P(A_1|B_2) P(B_2) \right] \qquad (3.10)$$

$$= 1 - P(B_1 = 0) P(B_2 = 0)$$

$$= 1 - \left(1 - P(B_1 = 1)\right)\left(1 - P(B_2 = 1)\right)$$

$$P(A_2 = 1) = \sum_{x_7,\ x_8,\ x_9,\ x_{10},\ B_3,\ x_{13},\ x_{14}} P(x_7,\ x_8,\ x_9,\ x_{10},\ B_3,\ x_{13},\ x_{14},\ A_2)$$

$$= \sum_{B_3} P(B_3) \sum_{x_7,\ x_8,\ x_9,\ x_{10},\ x_{13},\ x_{14}} \left[\begin{array}{l} P(A_2|x_7,\ x_8,\ x_9,\ x_{10},\ x_{13},\ x_{14}) \cdot \\ P(x_7) P(x_8) P(x_9) P(x_{10}) P(x_{13}) P(x_{14}) \end{array} \right]$$

$$= 1 - P(x_7 = 0) P(x_8 = 0) P(x_9 = 0) P(x_{10} = 0) \cdot$$

$$P(B_3 = 0) P(x_{13} = 0) P(x_{14} = 0)$$

$$= 1 - \left(1 - P(x_7 = 1)\right)\left(1 - P(x_8 = 1)\right)\left(1 - P(x_9 = 1)\right) \cdot$$

$$\left(1 - P(x_{10} = 1)\right)\left(1 - P(B_3 = 1)\right)\left(1 - P(x_{13} = 1)\right)\left(1 - P(x_{14} = 1)\right)$$

$$(3.11)$$

$$P(A_3 = 1) = \sum_{x_{15},\ x_{16},\ A_3} P(x_{15},\ x_{16},\ A_3)$$

$$= \sum_{x_{15}} P(x_{15}) \sum_{x_{16}} \left[P(A_3|x_{16}) P(x_{16}) \right] \qquad (3.12)$$

$$= P(x_{16} = 1) P(x_{15} = 1)$$

$$P(T = 1) = \sum_{A_1,\ A_2,\ A_3} P(A_1,\ A_2,\ A_3,\ T)$$

$$= \sum_{A_1} P(A_1) \sum_{A_2,\ A_3} \left[P(T|A_2,\ A_3) P(A_2) P(A_3) \right] \qquad (3.13)$$

$$= 1 - P(A_1 = 0) P(A_2 = 0) P(A_3 = 0)$$

$$= 1 - \left(1 - P(A_1 = 1)\right)\left(1 - P(A_2 = 1)\right)\left(1 - P(A_3 = 1)\right)$$

将表3.1中的概率值代入式（3.7）至式（3.13），经计算，当 $t = 1\,\mathrm{a}$ 时，事

件发生的概率为

$$P(T = 1) = 0.0513 \tag{3.14}$$

进行诊断推理时,假定系统(对应结点 T)在故障情况下,各元件故障的条件概率如表3.2所示。

表3.2 系统故障时各元件的故障概率(诊断)

系统元件	故障概率	系统元件	故障概率
X_1	0.1334	X_9	0.0095
X_2	0.1497	X_{10}	0.0152
X_3	0.1269	X_{11}	0.0057
X_4	0.4918	X_{12}	0.0076
X_5	0.0010	X_{13}	0.0095
X_6	0.0097	X_{14}	0.0038
X_7	0.0476	X_{15}	0.0125
X_8	0.0019	X_{16}	0.0182

图3.4是系统中16个结点的条件失效概率曲线图,由图可以看出,由于元件 X_1 至 X_{14} 都是或门元件,X_{15} 和 X_{16} 是与门元件,并且 X_4 的故障概率最大,为0.0253,因此当系统故障时元件 X_4 的条件故障概率相对来说也是最大的,为0.4918,是系统的薄弱环节。

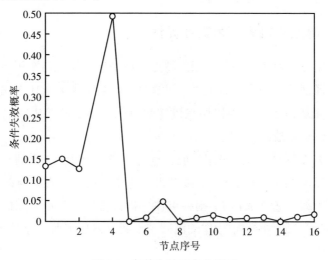

图3.4 条件失效概率曲线图

进行因果推理时，假定在各元件故障情况下，系统结点的故障概率如表3.3所示。

表3.3 各元件故障时系统结点的故障概率（因果）

结点	元件故障时系统结点的故障概率（因果）					
	X_1	X_5	X_7	X_{11}	X_{15}	X_{16}
T	0.9974	0.9974	0.9769	0.9769	0.0659	0.0604
A_1	1.0000	1.0000	0.0462	0.0462	0.0462	0.0462
A_2	0.0053	0.0053	1.0000	1.0000	0.0053	0.0053
A_3	0.0002	0.0002	0.0002	0.0002	0.0155	0.0097
B_1	1.0000	0.0457	0.0457	0.0457	0.0457	0.0457
B_2	0.0005	1.0000	0.0005	0.0005	0.0005	0.0005
B_3	0.0007	0.0007	0.0007	1.0000	0.0007	0.0007

由上面的计算结果可以看出，应用BN模型不但可以计算系统可靠度，还可以根据BN双向推理功能计算各种条件概率，如在系统故障条件下元件的故障概率和在元件故障条件下系统的故障概率，根据元件的变化对系统影响的大小可以找到系统可靠运行的薄弱环节，为进一步提高系统可靠性提供依据，即尽量提高薄弱环节元件的可靠性。

3.3.3　电液舵机系统可靠性评估

大型民用飞机由于结构与功用的特点，所采用的舵机与军用飞机相比，除结构上有所区别外，还要求有更高的可靠性，一般来说要求比军用飞机的故障率低两个数量级以上。国外民用飞机舵面所采用的电液舵机，以"舵机不动作"为顶事件建立故障树[73]。

针对空客A系列飞机所采用的舵机进行故障树分析，A系列某型飞机主控制面舵机的基本结构见图3.5。电液舵机系统常见的故障形式有线圈断线（加工太粗糙、引线位置太紧凑）、衔铁卡住（推杆变形、工作气隙内有杂物、导磁套破裂等）、伺服阀/换向阀/作动筒阀芯卡死（液压卡紧、杂质卡紧）、内部滤芯节流孔堵塞等。

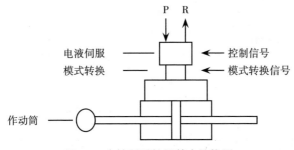

图3.5　主控制面舵机基本结构图

　　根据电液舵机系统的组成和工作原理，以"舵机不动作"为故障树的顶事件，对各种故障模式进行分析研究，建立FT，如图3.6所示。整个故障树共6个逻辑门，8个底事件，7个中间事件。顶事件通过或门与4个中间事件相联系，1个中间事件通过或门与相应的中间事件、底事件相联系，3个中间事件通过或门与相应的底事件联系。

　　假设FT中的底事件之间相互独立，并且零部件和系统均只存在两种状态。系统元件服从指数分布，表3.4为基本元件的失效率，是本算例的计算参数。（计算失效率时，时间按照1 a 360 d，每天24 h计算）

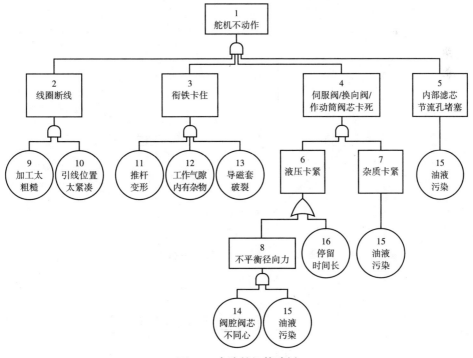

图3.6　电液舵机故障树

表3.4　基本元件的失效率（计算参数）

底事件	失效率/（$10^{-7}\,\mathrm{h}^{-1}$）
9 加工太粗糙	1.0
10 引线位置太紧凑	1.5
11 推杆变形	3.5
12 工作气隙内有杂物	2.0
13 导磁套破裂	3.0
14 阀腔阀芯不同心	10.0
15 油液污染	60.0
16 停留时间长	2.5

图3.7为电液舵机系统的BN模型，囿于篇幅，将结点的条件概率表略去。其中，A_6为与门结点，A_2，A_3，A_4，A_8为或门结点。

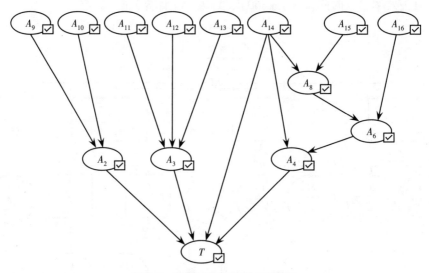

图3.7　电液舵机系统的BN模型

$$
\begin{aligned}
P(A_2 = 1) &= \sum_{x_9,\ x_{10},\ B_2} P(x_9,\ x_{10},\ A_2) \\
&= \sum_{X_9} P(x_9) \sum_{x_{10}} \left[P(A_2 \mid x_{10}) P(x_{10}) \right] \\
&= P(x_9 = 1) P(x_{10} = 1)
\end{aligned}
\tag{3.15}
$$

$$P(A_3 = 1) = \sum_{x_{11},\ x_{12},\ x_{13},\ A_3} P(x_{11},\ x_{12},\ x_{13},\ A_3)$$

$$= \sum_{X_{11}} P(x_{11}) \sum_{x_{12},\ x_{13}} \left[P(A_3 | x_{12},\ x_{13}) P(x_{12}) P(x_{13}) \right] \tag{3.16}$$

$$= P(x_{11} = 1) P(x_{12} = 1) P(x_{13} = 1)$$

$$P(A_8 = 1) = \sum_{x_{14},\ x_{15},\ A_8} P(x_{14},\ x_{15},\ A_8)$$

$$= \sum_{X_{14}} P(x_{14}) \sum_{X_{15}} \left[P(A_8 | x_{15}) P(x_{15}) \right] \tag{3.17}$$

$$= P(x_{14} = 1) P(x_{15} = 1)$$

$$P(A_4 = 1) = \sum_{A_6,\ A_{15}} P(A_6,\ A_{15},\ A_4)$$

$$= \sum_{A_6} P(A_6) \sum_{A_{15}} \left[P(A_4 | A_{15}) P(A_{15}) \right] \tag{3.18}$$

$$= P(A_6 = 1) P(A_{15} = 1)$$

$$P(A_6 = 1) = \sum_{A_8,\ A_{16}} P(A_8,\ A_{16},\ A_6)$$

$$= \sum_{A_8} P(A_8) \sum_{A_{16}} \left[P(A_6 | A_{16}) P(A_{16}) \right] \tag{3.19}$$

$$= 1 - \left(1 - P(A_8 = 1)\right)\left(1 - P(A_{16} = 1)\right)$$

$$P(T = 1) = \sum_{A_2,\ A_3,\ A_4} P(A_2,\ A_3,\ A_{15},\ A_4,\ T)$$

$$= \sum_{A_2} P(A_2) \sum_{A_3, A_{15}, A_4} \left[P(T | A_3,\ A_{15},\ A_4) P(A_3) P(A_{15}) P(A_4) \right] \tag{3.20}$$

$$= P(A_2 = 1) P(A_3 = 1) P(A_{15} = 1) P(A_4 = 1)$$

将表3.1中的概率值代入式（3.15）至式（3.20），经计算，当 $t = 1$ a，顶事件发生的概率为

$$P(T = 1) = 0.0604 \tag{3.21}$$

进行诊断推理时，假定系统（对应结点 T）在故障情况下，各元件故障的条件概率如表3.5所示。图3.8是系统中8个结点的条件失效概率曲线图，由图可以看出，当系统故障时元件 A_{15} 的条件故障概率是相对来说最大的，为0.8479，是系统的薄弱环节。

表3.5 系统故障时各元件的故障概率（诊断）

系统元件	故障概率	系统元件	故障概率
A_9	0.0149	A_{13}	0.0413
A_{10}	0.0215	A_{14}	0.0090
A_{11}	0.0513	A_{15}	0.8479
A_{12}	0.0298	A_{16}	0.0025

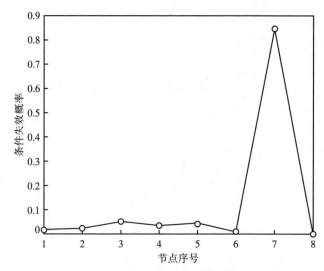

图3.8 系统故障时各元件的故障概率曲线表

进行因果推理时，假定各元件在故障情况下，系统结点的故障概率如表 3.6所示。

表3.6 各元件故障时系统结点的故障概率（因果）

结点	元件故障时系统结点的故障概率（因果）							
	A_9	A_{10}	A_{11}	A_{12}	A_{13}	A_{14}	A_{15}	A_{16}
T	1.0000	1.0000	1.0000	1.0000	1.0000	0.0624	1.0000	0.0685
A_2	1.0000	1.0000	0.0022	0.0022	0.0022	0.0022	0.0022	0.0022
A_3	0.0075	0.0075	1.0000	1.0000	1.0000	0.0075	0.0075	0.0075
A_4	0.0512	0.0512	0.0512	0.0512	0.0512	0.0533	1.0000	0.0595

表**3.6**（续）

结点	元件故障时系统结点的故障概率（因果）							
	A_9	A_{10}	A_{11}	A_{12}	A_{13}	A_{14}	A_{15}	A_{16}
A_5	0.0512	0.0512	0.0512	0.0512	0.0512	0.0512	1.0000	0.0512
A_6	0.0001	0.0001	0.0001	0.0001	0.0001	0.0022	0.0022	0.0595
A_7	0.0512	0.0512	0.0512	0.0512	0.0512	0.0512	1.0000	0.0512
A_8	0.0595	0.0595	0.0595	0.0595	0.0595	1.0000	0.0009	0.0595

3.4　直接建立模型的方法

3.4.1　FMEA背景及应用

FMEA是故障模式及影响分析（fault mode effect analysis）的简称。核工业、航空工业等领域常对系统或设备使用FMEA技术，用以在设计阶段消除可能导致严重后果的故障隐患，FMEA是对系统的故障模式进行比较全面的定性分析。它是在产品设计和加工过程中分析各种潜在的故障对其可靠性的影响，用以提高产品可靠性的一门分析技术，它以产品的元件或系统为分析对象，通过人的逻辑思维分析，预测结构元件或系统生产装配中可能发生的问题及潜在故障，研究问题及故障的原因，以及对产品质量影响的严重程度，提出可能采取的预防改进措施，以提高产品质量和可靠性[33-35]。

图3.9示意性地给出本书对某机械设备进行故障模式分析的步骤。首先是熟悉系统情况，收集有关分析设备结构、功能、运行条件、维护措施和预防措施等多方信息。了解其部件的结构和功能，收集典型故障，为故障模式分析积累素材。其后的主要任务是：① 对分析的设备进行系统定义，建立逻辑框图；② 针对逻辑框图中各子系统列举典型故障模式；③ 对各故障模式的具体项口进行分析。最后，列出各子系统的FMEA结果。

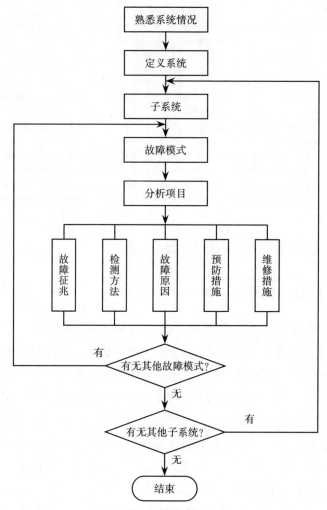

图 3.9　故障模式分析步骤

　　将设备中各组件按照一定的逻辑关系，建立一个可靠性逻辑框图。可靠性逻辑框图表明了系统内部在功能上的相互依赖关系，且便于明确故障模式。如何构造一个系统、全面且对维修有针对性的系统可靠性框图成为 FMEA 的核心和关键。

　　FMEA 的格式灵活，可以根据不同故障方式进行，或根据系统不同层次的硬件法或根据系统功能法进行。目前，工程上运用最为广泛的是硬件法。单纯采用硬件法容易导致分析者把主要注意力放在逐个列写所有元器件、零部件的全部故障模式上，其中无法消除的偶然性故障通常占大多数。功能法可以很好地体现故障间的功能相关性，便于描述局部和整体的故障关系。因此，在系统划分中，采用硬件法和功能法相结合的方法，有利于实现对系统级故障和部件级故障的综合考虑。

3.4.2　贝叶斯网络的建立

建立一个系统贝叶斯网络模型，首先分析系统的故障模式，在FMEA支持下直接建立贝叶斯网络。对于分析设备，不能轻易忽略某些小的元部件的故障或发生概率小的故障，这一点已为美国的三里岛核电站的事故所证实，挑战者号航天飞机的爆炸也只是发端于一个密封圈失效的小故障。因此，建立的贝叶斯网络应该满足全面性要求。此外，虽然机械系统的结构、功能及其故障关系复杂，但为了便于分析，贝叶斯网络在满足全面性的同时还应具有明晰性。若BN的前期分析准备上不够充分，则很容易在建模中发生遗漏或冗余。因此，对设备的资料调研分析应提出较高的要求。

直接建立贝叶斯网络模型的方法在资料调研分析阶段遇到的问题正好可以借助FMEA来解决。FMEA中有关故障原因、影响的分析，可用以辅助建立机械系统的贝叶斯网络，增强网络的客观性和合理性。

图3.10是一个表达FMEA对故障分析过程支持的示意图。可见，在FMEA信息指导下的贝叶斯网络建模，依据性更强，同时也避免了大量重复性资料分析工作，是一个较为合理的解决问题的途径。

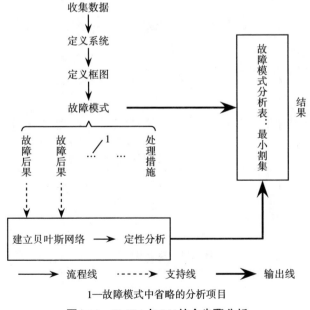

1—故障模式中省略的分析项目

图3.10　FMEA与BN综合步骤分析

对于单失效模式系统，建立贝叶斯网络模型首先要将系统元件描述为网络的初始结点，建立子系统结点，用条件概率表来描述子系统结点与初始元件结点间的逻辑关系，最终将子系统结点和元件结点归结到系统结点，同样用条件概率表来描述子系统结点与系统结点间的逻辑关系。下面用实例来说明对于单模式失效系统直接建立BN模型的方法。

3.4.3 混联系统BN模型的建立

图3.11（a）所示的单模式失效系统由G_1，G_2，G_3，L_1，L_2五个元件组成，G_1，G_2，G_3串联后同L_1，L_2组成的并联系统进行串联，系统功能定义为从A到B流体通道畅通，元件正常状态为"工作"、失效状态为"故障"。

图3.11（b）为建立的BN模型。结点g_1，g_2，g_3，l_1，l_2为元件初始结点，是系统的基本事件；m，n为子系统结点，t为系统结点，反映系统元件间的逻辑关系；图中的CPT表描述了上下级间的逻辑关系，1表示故障，0表示正常。

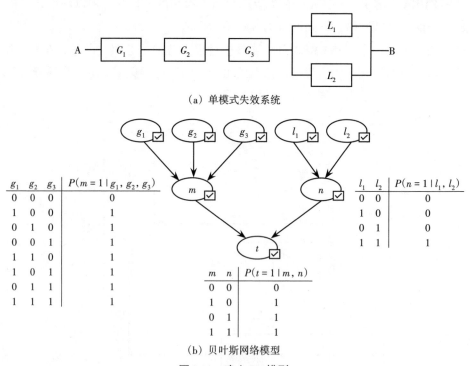

（a）单模式失效系统

（b）贝叶斯网络模型

图3.11　建立BN模型

3.4.4 典型系统构成的复杂系统

图 3.12 是由串联系统、并联系统、k/n 系统三个典型系统构成的复杂系统的可靠性框图。单元 1 和单元 2 串联，单元 3 和单元 4 串联，单元 5、单元 6、单元 7 和单元 8 并联，单元 9、单元 10、单元 11 和单元 12 并联成 3/4 系统。

根据系统的逻辑关系，应用直接建模法建立贝叶斯网络模型，如图 3.13 所示。三个中间结点 B_1，B_2，B_3 表示三个典型子系统，结点 A_1，A_2 表示两个串联子系统，结点 A_3，A_4，A_5，A_6 表示 3/4 系统转化成的四个并联子系统，结点 B_3 则表示将四个子系统再并联，X 表示系统结点，即将三个典型系统串联。囿于篇幅，将图中的 CPT 略去。

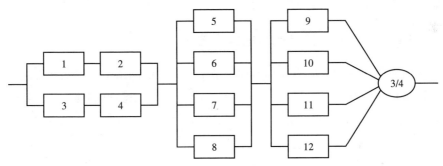

图 3.12 由典型系统构成的复杂系统

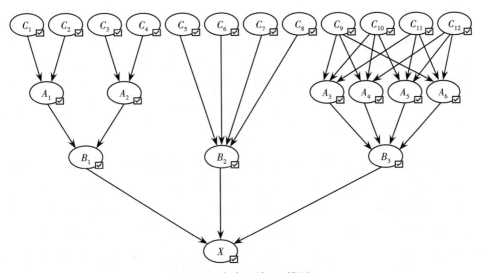

图 3.13 复杂系统 BN 模型

3.5 用最小路集和最小割集建立模型的方法

进行系统可靠性评估的步骤是首先计算系统的最小路集或最小割集，最后进行不交化计算，得到系统的可靠度。当系统复杂、元件数量非常多时，不交化计算非常复杂。用最小路集法和最小割集法建立 BN 模型，首先要得到系统的最小路集和最小割集，将最小路集和最小割集内的元件确定为模型的初始元件结点，然后所有最小路集和最小割集确定为子系统结点，将最小路集和最小割集归结到系统结点。用条件概率表来描述子系统结点与初始元件结点间的逻辑关系和子系统结点与系统结点间的逻辑关系。此方法尤其适用于系统元件间逻辑关系不确定或复杂的情况，如网络系统、冗余系统等。

3.5.1 网络系统状态计算的常用方法

下面简单回顾一下应用最小路集与最小割集求解网络系统状态的方法。

网络系统中存在一个最小路集，则输入结点与输出结点能够连通，系统处于正常状态。如果系统正常工作状态用时间 S 表示，所有最小路集用 $A_i(i = 1, 2, \cdots, m)$ 表示，则系统正常工作状态表示为

$$S = \bigcup_{i=1}^{m} A_i \tag{3.22}$$

网络系统中存在一个最小割集，则输入结点与输出结点无法连通，系统处于故障状态。系统故障状态用系统正常工作状态的逆事件表示为 $\overline{S}$，所有最小割集用 $C_i(i = 1, 2, \cdots, n)$ 表示，则系统故障状态表示为

$$\overline{S} = \bigcup_{i=1}^{n} C_i \tag{3.23}$$

应用式（3.23）求解系统故障状态需要求解相容事件的概率公式，当最小割集为 n 时，可靠度计算表达式有 $2^n - 1$ 项。应用式（3.22）求解系统工作状态时，最小路集为 m 时，可靠度计算表达式有 $2^m - 1$ 项。当系统结点较多，即 m, n 较大时，即使进行不交化计算，也十分烦琐。因此对于复杂网络，直接应用相交事件的概率公式进行可靠度计算是不现实的。贝叶斯网络模型更能胜任这一工作，它避开不交化运算得到系统可靠度，还可以进行元件重要度比较。下面用实例来说明用最小路集和最小割集建立贝叶斯网络模型的方法。

3.5.2　冗余系统可靠性评估

如图 3.14 所示系统，设备各单元服从二项分布，各单元的可靠度为 $R_1 = 0.9$，$R_2 = 0.95$，$R_3 = 0.86$，$R_4 = 0.9$，$R_5 = 0.8$，试评估系统可靠度。

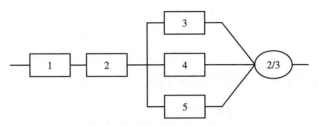

图 3.14　冗余系统可靠性框图

最小割集法：

应用遍历法，系统的最小割集为 $\{1\}$，$\{2\}$，$\{3, 4\}$，$\{3, 5\}$，$\{4, 5\}$。应用最小割集法建立 BN 模型，如图 3.15 所示。

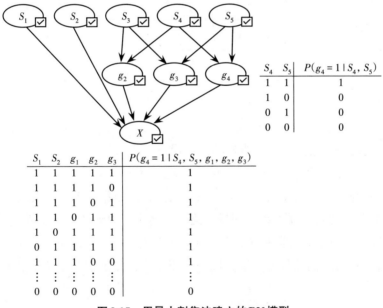

S_4	S_5	$P(g_4 = 1 \mid S_4, S_5)$
1	1	1
1	0	0
0	1	0
0	0	0

S_1	S_2	g_1	g_2	g_3	$P(g_4 = 1 \mid S_4, S_5, g_1, g_2, g_3)$
1	1	1	1	1	1
1	1	1	1	0	1
1	1	1	0	1	1
1	1	0	1	1	1
1	0	1	1	1	1
0	1	1	1	1	1
1	1	1	0	0	1
⋮	⋮	⋮	⋮	⋮	⋮
0	0	0	0	0	0

图 3.15　用最小割集法建立的 BN 模型

结点 S_i 代表冗余系统中的 5 个单元，结点 g_i 代表 3 个子系统，即 3 个最小割集 $\{3, 4\}$，$\{3, 5\}$，$\{4, 5\}$，结点 X 代表系统。组成最小割集的单元间是并联关系，即只有最小割集中的单元都故障，子系统才故障；组成系统的最小割集间是串联关系，即一个割集发生故障，系统即故障。根据这些逻辑关系，建立 BN 的条件概率表，列出子系统结点 g_4 和系统结点 X 的条件概率表。

应用最小割集法解得系统的可靠度为 $R_s = 0.806778$。

进行诊断推理时，假定系统（对应结点 X）在故障情况下，各元件故障的条件概率如表 3.7 所示。在整个系统中，单元 1，2 与 2/3 系统串联，单元 1 的可靠度小于单元 2 的可靠度，因此虽然单元 1 的可靠度不是最低，但在系统故障条件下，单元 1 的失效概率是最高的；在 2/3 系统中，由于组成割集 g_2 的两个元件的失效概率最高，因此当系统故障时，该割集的失效概率在 2/3 系统中是最高的，这与定性分析得到的结果相同。

表 3.7   系统故障时各元件的故障概率（诊断）

系统单元	故障概率	割集子系统	故障概率
X_1	0.517539	g_2	0.072456
X_2	0.258770	g_3	0.144911
X_3	0.278519	g_4	0.103508
X_4	0.213102		
X_5	0.350095		

最小路集法：

应用遍历法，系统的最小路集为 {1，2，3，4}，{1，2，3，5}，{1，2，4，5}。应用最小路集法建立的 BN 模型如图 3.16 所示。

结点 S_i 代表冗余系统中的 5 个单元，结点 g_i 代表 3 个子系统，即 3 个最小路集 {1，2，3，4}，{1，2，3，5}，{1，2，4，5}，结点 X 代表系统。组成最小路集的单元间是串联关系，即最小路集中有一个单元故障，子系统就故障；组成系统的最小路集间是并联关系，即一个路集完好，系统完好。根据这些逻辑关系，建立 BN 的条件概率表，同样列出子系统结点 g_4 和系统结点 X 的条件概率表。

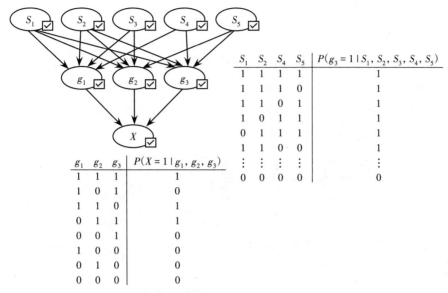

S_1	S_2	S_4	S_5	$P(g_3 = 1 \mid S_1, S_2, S_3, S_4, S_5)$
1	1	1	1	1
1	1	1	0	1
1	1	0	1	1
1	0	1	1	1
0	1	1	1	1
1	1	0	0	1
⋮	⋮	⋮	⋮	⋮
0	0	0	0	0

g_1	g_2	g_3	$P(X = 1 \mid g_1, g_2, g_3)$
1	1	1	1
1	0	1	0
1	1	0	1
0	1	1	1
0	0	1	0
1	0	0	0
0	1	0	0
0	0	0	0

图 3.16　用最小路集法建立的 BN 模型

应用最小路集法解得系统的可靠度为 $R_s = 0.806778$，与用最小割集法解得的结果相同。

3.5.3　复杂网络系统可靠性评估

图 3.17 所示的复杂网络系统，7 为输入结点，8 为输出结点，采用结点遍历法，得到所有的最小割集为 {7}，{1, 5}，{2, 5}，{3, 5}，{1, 6}，{2, 6}，{3, 6}，{8}，结点的最小路集共有 24 个 [66]。由于最小割集比较少，因此应用最小割集求解十分方便。

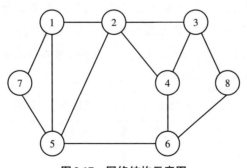

图 3.17　网络结构示意图

下面应用最小割集法建立 BN 模型。

应用最小割集法建立的 BN 模型如图 3.18 所示。结点 S_i 代表冗余系统中的8个单元，$i = 1$，2，…，8。结点 g_j 代表6个子系统，$j = 1$，2，3，4，5，6，即6个最小割集 $\{1, 5\}$，$\{2, 5\}$，$\{3, 5\}$，$\{1, 6\}$，$\{2, 6\}$，$\{3, 6\}$，结点 X 代表系统。组成最小割集的单元间是并联关系，即只有最小割集中的单元都故障，子系统才故障；组成系统的最小割集间是串联关系，即一个割集发生，系统即故障。根据这些逻辑关系，建立BN的条件概率表，列出子系统结点 g_1 和系统结点 X 的条件概率表。

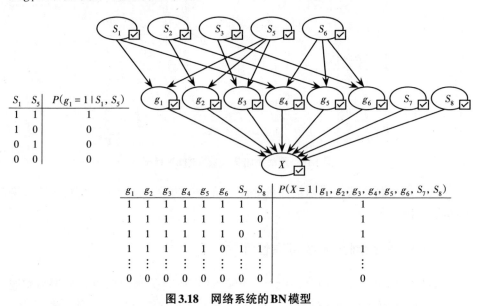

图3.18　网络系统的BN模型

设系统单元的可靠度为 $R_3 = 0.9$，其余 $R_i = 0.99$，$i = 1$，2，4，…，8。解得，系统的可靠度为 $R_s = 0.9778$。

进行诊断推理时，假定系统（对应结点 X）在故障情况下，各元件故障的条件概率如表3.8所示。图3.19是系统中13个结点的条件失效概率曲线图，由图中可以看出，当系统故障时元件 S_7，S_8 的条件故障概率相对来说是最大的，为0.4504560，是系统的薄弱环节。

表3.8　系统故障时各元件的故障概率（诊断）

系统单元	故障概率	割集子系统	故障概率
S_1	0.0177498	g_1	0.00450456
S_2	0.0177498	g_2	0.00450456
S_3	0.1774980	g_3	0.04504560

表3.8（续）

系统单元	故障概率	割集子系统	故障概率
S_5	0.0177498	g_4	0.00450456
S_6	0.0177498	g_5	0.00450456
S_7	0.4504560	g_6	0.04504560
S_8	0.4504560		

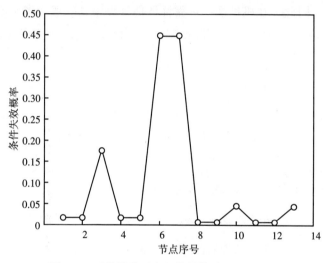

图3.19 系统故障时各元件的故障概率曲线表

3.6 精确推理和故障树方法的比较

应用Bucket-Elimination方法，图3.11中系统结点t正常工作概率的计算过程为

$$
\begin{aligned}
p(t=0) &= \sum_{g_3,\,g_1,\,g_2,\,l_1,\,l_2,\,m,\,n} P(g_3,\ g_1,\ g_2,\ l_1,\ l_2,\ m,\ n,\ t) = \\
&\sum_{m,\,n}\Big\{ P(t=0|m,\ n) \sum_{g_3,\,g_1,\,g_2}\big[P(m|g_3,\ g_1,\ g_2) P(g_3)\cdot P(g_1) P(g_2)\big]\cdot \\
&\sum_{l_1,\,l_2}\big[P(n|l_1,\ l_2) P(l_1) P(l_2)\big]\Big\} = P(g_3=0) P(g_1=0)\cdot \\
&P(g_2=0)\big[P(l_1=1)\cdot P(l_2=0) + P(l_1=0) P(l_2=1) + \\
&P(l_1=0) P(l_2=0)\big] = 0.847165
\end{aligned} \tag{3.24}
$$

即系统结点 S 的故障概率为 $P(S=1)=1-0.847165=0.152835$。

应用FTA方法[74]求解顶事件发生概率（系统故障概率）的方法是先计算各最小割集，然后将最小割集进行不交化处理，最后根据不交化处理后的最小割集计算系统故障概率。该方法的计算结果和BN精确推理计算结果完全相同。

在FTA方法中，最小割集的总数随BT规模增大而迅速增加。最小割集不交化时需应用德·摩根律作递归式展开，以及等幂、相补和吸收等操作，计算量非常大[75]。因此，在机械系统可靠性评估计算中，一般均省略不交化计算，而由最小割集直接计算系统的故障概率。图3.11中，系统故障概率的近似计算公式为

$$
\begin{aligned}
Q &= P\left(g_3 + l_3 + g_2 + l_1 l_2\right) \\
&= P\left(g_3\right) + P\left(l_3\right) + P\left(g_2\right) + P\left(l_1 l_2\right) \\
&= P\left(g_3\right) + P\left(l_3\right) + P\left(g_2\right) + P\left(l_1\right)P\left(l_2\right) \\
&= 0.160400
\end{aligned}
\tag{3.25}
$$

FTA方法近似计算结果的相对误差为

$$
\varepsilon = \left(0.152835 - 0.160400\right)/0.152835 \approx -4.95\%
\tag{3.26}
$$

将FT转换成BN计算系统故障概率，就可以避开不交化计算过程，同时也省去了最小割集的求解，并且使得计算分析更加直观灵活，还可通过BN的各种推理计算在任意假设情况下的条件概率。

3.7　元件重要度和灵敏度分析

对于一个系统来说，元件在系统中的重要性对于系统可靠性的改善具有十分重要的意义，通常情况下，系统中元件的重要度越大，其对应的可靠度也应该越高。对于元件重要度的确定，通常的方法是通过建立系统的FT，进一步确定各元件失效所引起的系统失效事件发生次数，求出元件失效次数与系统失效次数的比值，即所谓概率重要度。这种方法存在以下缺点：一是计算十分烦琐，通常要根据容斥定理进行计算；二是只能考虑单一零件对系统的重要度，无法考虑多个零件同时故障时对系统可靠度的影响。由于贝叶斯网络结点变量的条件独立性及其特有的双向推理优势，应用贝叶斯网络可以方便地计算系统正常工作的概率，以及在系统故障条件下，一个或多个部件故障的概率，从而

有效地识别系统的薄弱部件，为系统维护和更新提供依据。以下对贝叶斯网络的条件概率与通常的重要度进行一个简单的对比分析。

3.7.1 元件重要度与BN的条件概率

在FTA中，系统失效与部件失效之间的关系通过三种重要度来表现，它们从不同的角度反映了部件对系统影响的重要程度。概率重要度的物理意义是当且仅当元件 X_i 失效时系统失效的概率，它反映了某个元件状态发生了微小变化导致系统发生变化的程度，它为计算结构重要度和关键重要度提供必要的中间特征量。结构重要度是概率重要度的一种特殊条件下的结果，主要用于可靠度分配。关键重要度反映了某个元件故障概率的变化率所引起的系统故障概率的变化率，主要用于系统可靠性参数设计和排列诊断检查顺序表[76]。

现举例说明贝叶斯网络应用双向推理算法进行系统的薄弱环节识别的优势与特点。在图3.20中，设系统和部件均只能取正常或故障两种状态，元件 X_1，X_2，X_3，X_4 故障的概率分别为0.15，0.2，0.2，0.1。元件的概率重要度 $I_i^{P_r}(t)$、关键重要度 $I_i^{C_r}(t)$、结构重要度 $I_i^{S_r}(t)$、P_{is}（在元件 X_i 故障条件下系统故障的概率）、P_{si}（在系统故障条件下元件 X_i 故障的概率）的计算结果如表3.9所示，表3.10为重要度结果，以及应用贝叶斯网络双向推理算法计算出的系统条件概率结果比较排序。

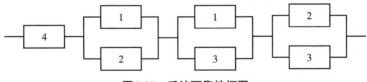

图3.20　系统可靠性框图

表3.9　重要度计算结果

元件 X_i	X_1	X_2	X_3	X_4
$I_i^{P_r}$	0.3352	0.2951	0.2951	0.9033
$I_i^{C_r}$	0.2688	0.3155	0.3155	0.4829
$I_i^{S_r}$	0.2500	0.2500	0.2500	0.5000
P_{is}	0.4240	0.3880	0.3880	1.0000
P_{si}	0.3550	0.4330	0.4330	0.5580

表 3.10　重要度计算结果排序比较

元件 X_i	X_1	X_2	X_3	X_4
$I_i^{P_i}$	2	3	3	1
$I_i^{C_i}$	3	2	2	1
$I_i^{S_i}$	2	2	2	1
P_{is}	2	3	3	1
P_{si}	3	2	2	1

由表 3.9 和表 3.10 可以看出，结构重要度只与元件在结构中的地位有关，而和部件概率大小无关，元件 X_1，X_2，X_3 由于位置相同，因此它们的结构重要度也相同；元件故障后系统故障的条件概率排序结果和元件的概率重要度排序结果相同。

系统故障后元件故障的条件概率的排序结果更加合理。虽然元件 X_1，X_2，X_3 的位置相同，但是由于元件 X_1 的故障概率低，元件 X_2，X_3 的故障概率高，因此提高元件 X_2，X_3 的可靠性更为迫切，元件 X_2，X_3 对系统故障的影响高于元件 X_1。

系统故障后元件故障的条件概率从故障诊断的角度反映了元件在系统中的重要性大小，指明了引起系统故障的最可能原因，特别适合于识别系统薄弱环节、故障诊断、制订检查和修理计划。这一指标要比概率重要度、关键重要度和结构重要度反映得更为合理、可靠，也包含了更加丰富的信息。

3.7.2　元件灵敏度分析

由于贝叶斯网络模型的双向推理能力，其条件概率包含丰富的信息，对于如何根据系统的条件概率来进行系统可靠性分配，具有重要实际意义。另外，应用贝叶斯网络，也可以很方便地求出某几个元件失效时，系统可靠度的变化情况。对于单个元件，还可以求出系统可靠度对某个元件的灵敏度。总之，贝叶斯网络包含了十分丰富的系统信息，对于系统可靠性分配，是一个十分有力的工具。

工程结构的灵敏度分析已经成为可靠性设计的基础，结构灵敏度分析方法主要有解析法、差分法、Monte-Carlo 模拟法等。

设有结构响应函数 $F(x) = g(X)$，$X = x_1, x_2, x_3, \cdots, x_n$，定义响应函数

对设计变量 x_i 的偏导数为响应函数对设计变量 x_i 的灵敏度，即

$$S_i = \frac{\partial F}{\partial x_i} \tag{3.27}$$

当 $S_i > 0$ 时，$F(x)$ 随 x_i 的增大而增大；当 $S_i < 0$ 时，$F(x)$ 随 x_i 的增大而减小；当 $S_i = 0$ 时，$F(x)$ 不随 x_i 的变化而变化。S_i 绝对值的大小反映了 $F(x)$ 随 x_i 变化的快慢程度，即函数 $F(x)$ 对设计变量 x_i 的敏感程度[77-78]。

3.7.3 典型系统实例分析

以下通过对典型系统的分析，研究贝叶斯网络在元件重要度和灵敏度分析方面的应用。

（1）串联系统。

串联系统的特点是系统中有任意一个元件失效，系统就失效。

对于如图 3.21 所示的四元件串联系统，各元件的可靠度为 $R_1 = 0.98$，$R_2 = 0.97$，$R_3 = 0.95$，$R_4 = 0.90$，串联系统贝叶斯网络模型如图 3.22 所示。

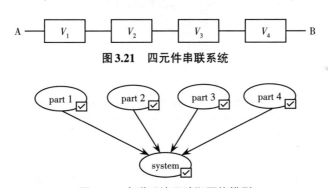

图 3.21 四元件串联系统

图 3.22 串联系统贝叶斯网络模型

可以方便地通过贝叶斯网络模型求得系统的可靠度，如图 3.23 所示。通过贝叶斯网络模型可以求得系统失效时各元件的条件概率和系统可靠度对各单元的灵敏度，如图 3.24 所示。各单元条件概率与灵敏度结果如表 3.11 所示。

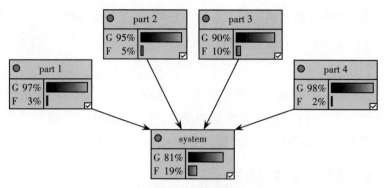

图 3.23　串联系统可靠度与失效概率

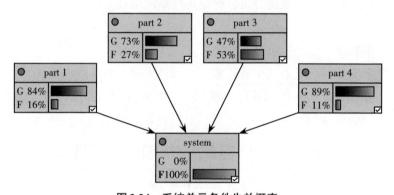

图 3.24　系统单元条件失效概率

表 3.11　元件的概率重要度、条件失效概率与灵敏度

元件	1	2	3	4
概率重要度	0.84	0.86	0.90	0.83
条件失效概率	0.16	0.27	0.53	0.11
灵敏度	14.00	8.58	4.57	20.70

由表 3.11 可以看出，对于串联系统，元件的条件失效概率与概率重要度是一致的，灵敏度的大小也与条件失效概率大小相一致。本例中，元件 3 的条件失效概率最大，是系统中最薄弱环节，是提高系统可靠度的关键元件。

（2）并联系统。

并联系统的特点是，当系统中所有元件都失效时，系统才失效。

对于如图 3.25 所示的 4 元件并联系统，各元件的可靠度为 $R_1 = 0.88$，$R_2 = 0.87$，$R_3 = 0.85$，$R_4 = 0.80$，并联系统的贝叶斯网络可靠性模型如图 3.26 所示。

通过贝叶斯网络模型正向推理得到系统可靠度如图 3.27 所示，通过贝叶斯网络模型反向推理得到系统可靠度如图 3.28 所示。

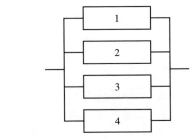

图 3.25　并联系统

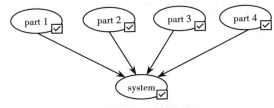

图 3.26　并联系统贝叶斯网络模型

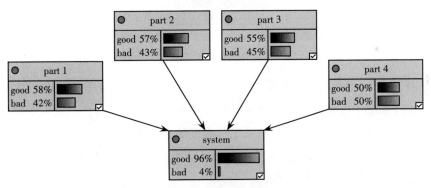

图 3.27　并联系统可靠度

　　图 3.28（a）是元件 1 在失效条件下系统的失效概率，系统失效概率由 4% 变为 10%；图 3.28（b）是元件 3，4 失效时，系统的失效概率，系统的失效概率由 4% 变为 18%。由图中可以看出，虽然元件 3，4 的可靠度较低，对系统的失效概率影响较小，但当它们同时失效时，对系统的可靠性影响很大。

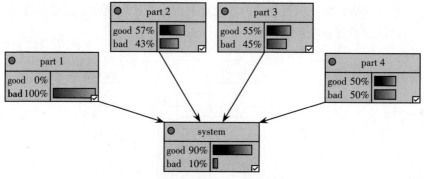

（a）元件1在失效条件下系统失效概率

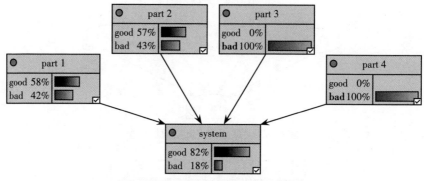

（b）元件3，4在失效条件下系统失效概率

图3.28　某元件失效条件下系统失效概率

　　表3.12是元件的概率重要度、条件失效概率和灵敏度表。从表中可以看出，并联系统中可靠度越高的单元，相应的概率重要度也越大。这说明就单个元件来说，可靠度高的元件，对系统可靠度的影响大。单元灵敏度的大小趋势与单元的概率重要度一致。由于在并联系统中，所有元件都失效系统才失效，所以各单元的条件失效概率相同，均为1。

表3.12　元件的概率重要度、条件失效概率与灵敏度

元件	1	2	3	4
概率重要度	0.0968	0.0945	0.0903	0.0813
条件失效概率	1.0000	1.0000	1.0000	1.0000
灵敏度	0.1500	0.1460	0.1370	0.1060

　　（3）并串联系统。

　　并串联系统是指系统中既存在并联的单元，也存在串联的单元。

　　如图3.29所示的并串联系统，各元件的可靠度为 $R_1 = 0.97$，$R_2 = 0.87$，$R_3 = 0.81$，$R_4 = 0.93$，则系统的贝叶斯网络模型如图3.30所示。系统的可靠度可以通过贝叶斯网络求得，如图3.31所示。

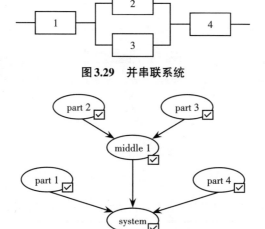

图3.29　并串联系统

图3.30　并串联系统贝叶斯网络模型

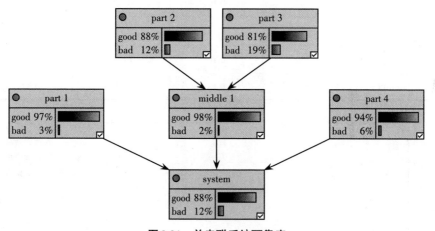

图3.31　并串联系统可靠度

　　进一步，各单元的条件失效概率也可以通过图3.32得到，通过贝叶斯网络求得系统的三种重要度与元件条件概率如表3.13所示。图3.33是系统中4个结点的系统在失效条件下元件失效的条件失效概率与元件概率重要度、关键重要度和结构重要度的曲线图，由图中可以看出，虽然元件2，3的位置相同，但是由于元件2的故障概率低，3的故障概率高，因此提高元件3的可靠性更为迫切，元件3对系统故障的影响要高于元件2。因此，系统故障后元件故障的条件概率的排序结果更加合理。

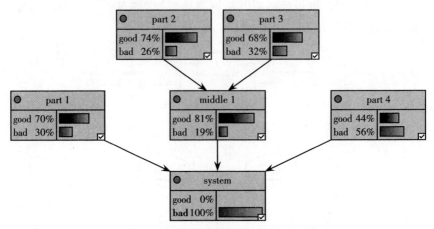

图3.32　并串联系统各单元的条件失效概率

表3.13　元件的条件失效概率与概率重要度、关键重要度和结构重要度比较

元件	1	2	3	4
概率重要度	0.92	0.16	0.10	0.94
条件失效概率	0.30	0.26	0.32	0.56
关键重要度	0.23	0.16	0.158	0.47
结构重要度	0.37	0.13	0.13	0.37

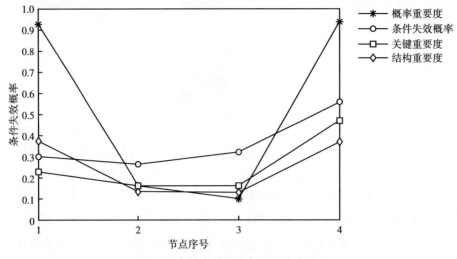

图3.33　条件失效概率与重要度曲线图

3.8　基于BN的可靠度分配方法

由3.7节中分析实例可以看出，系统中各单元的条件失效概率与系统的可靠度有密切关系，是系统可靠度的函数，反过来，我们也可以通过单元的条件失效概率进行系统的可靠度分配。通常，对于一个系统中的单元来说，元件的失效率越大，表明元件的制造等成本越高，这时应该给元件分配较小的可靠度；相反，当元件的失效率较小时，可以分配较大的可靠度。元件的条件失效概率也表征了系统失效时，哪些元件更可能失效。

据此，提出如下方法进行可靠性分配，对于串联系统，首先通过贝叶斯网络模型求得系统各单元的条件失效概率 ω_i（$i = 1$，2，$\cdots$，n），并且求出各单元条件失效概率之和 $\sum \omega_i$，当系统设计可靠度为 R_s 时，各单元分配的失效概率为 $F_i = (1 - R_s) \cdot \omega_i / \sum \omega_i$，则各单元的可靠度为 $R_i = 1 - F_i$。

以下通过实例来说明利用条件失效概率进行可靠性分配的方法。

某并串联系统如图3.34所示，由经验分配各单元的可靠度分别为 $R_1 = 0.97$，$R_2 = 0.88$，$R_3 = 0.81$，$R_4 = 0.86$，$R_5 = 0.91$，$R_6 = 0.94$，要求系统的可靠度为 $R_s = 0.94$，对该系统进行可靠性分配。图3.35为系统的贝叶斯网络模型；图3.36为贝叶斯网络模型的正向推理，即系统可靠度计算；图3.37为贝叶斯网络模型的反向推理，即系统故障条件下单元的故障概率。

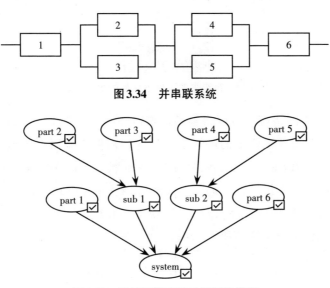

图3.34　并串联系统

图3.35　系统可靠度贝叶斯网络模型

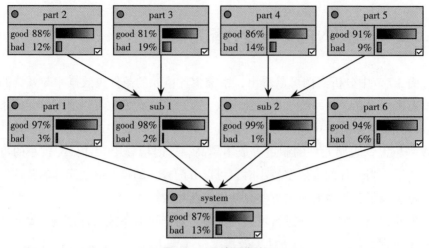

图3.36　系统可靠度

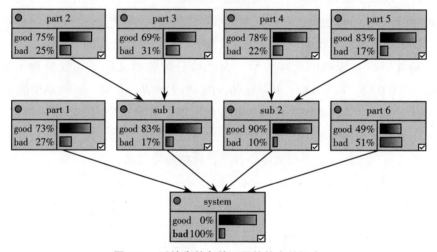

图3.37　系统失效条件下元件的失效概率

通过贝叶斯网络模型可以很容易地求得在题给条件下，系统的可靠度为 $R_s = 0.8727$，小于系统要求的可靠度，因此，需要重新对系统进行可靠度分配。首先，求出在同一系统层各单元的失效概率，由题中可知，在结点system的上一层共有4个结点，单元part 1，part 6和子系统sub 1，sub 2。各单元和子系统的条件失效概率分别为 $F_{\text{part 1}|s} = 0.27$，$F_{\text{sub 1}|s} = 0.17$，$F_{\text{sub 2}|s} = 0.1$，$F_{\text{part 6}|s} = 0.51$。

各单元条件失效概率的和为

$$F = \sum_{i=1}^{n} F_{i/s} = 0.27 + 0.17 + 0.1 + 0.51 = 1.05 \tag{3.28}$$

则各单元的失效概率分配如下：

$$F_1 = F_s \cdot F_{\text{part 1ls}}/F = 0.06 \times 0.27/1.05 \approx 0.0154$$

$$F_{\text{sub 1}} = F_s \cdot F_{\text{sub 1ls}}/F = 0.06 \times 0.17/1.05 \approx 0.0097$$

$$F_{\text{sub 2}} = F_s \cdot F_{\text{sub 2ls}}/F = 0.06 \times 0.1/1.05 \approx 0.0057 \tag{3.29}$$

$$F_6 = F_s \cdot F_{\text{part 6ls}}/F = 0.06 \times 0.51/1.05 \approx 0.0291$$

接下来，再对子系统 sub 1 与 sub 2 进行可靠度分配，这时可以根据子系统的复杂程度，考虑应用何种分配方式，如果系统能转化成串联系统，可以继续应用条件失效概率进行可靠度分配；对于冗余系统，则可以应用等分配法或比例分配法。本例应用比例分配法，有

$$R_2 = 0.93 , \ R_3 = 0.87 , \ \text{则} R_{\text{sub 1}} = 0.9909$$

$$R_4 = 0.89 , \ R_5 = 0.95 , \ \text{则} R_{\text{sub 2}} = 0.9945 \tag{3.30}$$

新的系统可靠度为 $R_s = R_{\text{part 1}} \cdot R_{\text{part 6}} \cdot R_{\text{sub 1}} \cdot R_{\text{sub 2}} = 0.9420$，系统可靠度满足要求。

3.9 本章小结

结合贝叶斯网络的特点，研究了贝叶斯网络应用于可靠性分析的优势，提出了应用贝叶斯网络建立机械系统可靠性评估模型的几种方法，并通过算例对机械系统可靠性进行了评估。得出如下结论：

（1）应用贝叶斯网络来进行机械系统可靠性评估，可以根据不同的情况采用不同的方法，如在故障树已经建立的情况下，可以采用基于故障树建立贝叶斯网络模型；通常情况下可以采用根据系统逻辑关系直接建模的方法；对于网络系统、冗余系统等，可以采用最小割集和最小路集的方法建立故障树。这些方法都避开了不交化的计算过程，避免了大量计算，使分析更加直观、灵活。

（2）应用贝叶斯网络进行机械可靠性的评估，能够监视系统中的任何不确定性变量，不仅可以求出系统可靠度，而且可以计算条件概率，可以方便地计算出某一个或某几个元件故障时系统故障的条件失效概率，找出系统的薄弱点。

（3）研究了基于贝叶斯网络模型的系统可靠度分配，同时分析了概率重要度及灵敏度对系统可靠性的影响，给出了基于贝叶斯网络的条件故障概率进行

可靠性分配的新思路和方法，实践证明，这种新方法用于系统分配是有效的。

  分析结果表明，基于贝叶斯网络的分析方法比传统方法能够得到更加丰富的信息，而且贝叶斯网络还有描述事件多态性和非确定性逻辑关系的能力，非常适合进行可靠性研究。

第4章　多状态系统的贝叶斯网络模型

4.1　引言

传统可靠性理论以二值逻辑为基础，把可靠性定义为产品在规定条件、规定时间内完成某一规定功能的能力，而这一能力的概率测度就是可靠度[79]。

在传统的可靠性研究中，一般把研究对象看作只有两种状态，对一个元件/系统来说，或者完全失效，或者完全可靠，即二态系统仅用"是"与"否"二值逻辑来描述产品是否能完成规定功能的情况，忽略了元件及系统部分失效对系统性能的影响，由此建立的可靠性分析模型时常与实际情况存在较大差异，不能满足日益复杂的系统分析。在许多工程领域中，系统及其元件可以呈现从理想工作状态到完全失效状态之间的多种工作状态（不同失效程度），若只对其进行成功、失败的二态划分就过于简单了，甚至可能导致致命错误。总之，实践的广度和深度为可靠性理论与方法的发展提出了新要求。

在工程实践中，绝大部分结构或零件的失效都是一个过程，呈现明显的多态渐变特征。元件部分失效往往会导致元件工作性能退化，由此产生的失效累积效应会导致系统的非整数阶失效[80]，使系统完成规定工作任务的能力退化。显然，基于二态假设的可靠性研究方法忽略了系统在渐变失效过程中呈现出的失效累积效应，由此建立的可靠性模型与实际情况存在较大差异。

由于考虑了元件的部分失效，系统失效与元件失效间的关系将变得更为复杂，可从离散和连续两方面描述系统的失效概率。连续多状态可靠性模型涉及繁杂的多重积分，不但不能描述失效过程的突变行为，而且零件的状态分布函数含主观假设因素较多，并未真正提高分析精度，实际应用困难。离散多状态可靠性模型的"瓶颈"主要是组合爆炸问题，但离散多状态可靠性模型与传统二态可靠性模型具有相同的本质，只是把二值逻辑扩展为多值逻辑，仍可借鉴二态可靠性的成熟理论成果，由此建立的可靠性模型能合理反映工程结构/系统失效过程中"量变—序变—质变"的交互规律，近年来得到一定的研究和应用[81-86]。

目前，已有部分学者对基于多状态系统理论的可靠性理论和分析方法展开了不断深入的研究[87-92]。已有部分研究涉及系统失效渐变性问题，谢里阳[80]对系统的非整数阶失效问题做了初步设想和描述；王光远、张鹏[88]指出单元具有"安全—中介—失效"工作模式，可靠性分析的任务和目标是求出由安全概率、中介概率、失效概率联合构成的可靠性向量；文献［87］给出了连续失效系统的几种可靠性建模方法；Charlesworth 和 Rao[93]采用多状态失效树（MFT）近似构造了连续状态系统的可靠性模型；江龙平[94]在充分考虑非临界失效损伤对临界失效影响的条件下，导出了系统的多级失效描述，通过计算临界失效事件和非临界失效事件的并集得到了更为合理的系统可靠性评估结果。贡金鑫等[95]根据反复荷载作用造成的疲劳累积损伤对结构极限承载力的影响，研究了疲劳累积损伤下结构承载能力的可靠度计算方法。

上述分析方法均从单元及单元与系统之间的关系入手，通过系统结构函数的构建来分析系统的可靠性，该方法可用于系统复杂而单元可靠性指标获取方便的情况；与之相对应的方法是"黑箱"分析法，把失效系统视为单一体，着重系统输出信息的分析，系统的输出信息可以是离散或连续的变量。文献［96］采用多线性插值方法根据局部信息构建了多状态系统与各元件状态的全局映射。文献［97］提供了一种基于径向基函数人工神经网络的非线性插值的有效途径。

文献［98-100］对各元件在失效独立条件下的多状态关联系统做了深入研究，其中谢里阳等对系统的非整数阶失效问题做了初步的设想和描述；文献［101］对失效相关的多状态系统可靠性问题进行了初步探讨。周金宇等[102]进一步研究了基于离散的多状态系统理论框架建立系统非整数阶可靠性分析模型，并对失效相关系统进行分析。文献［103］给出了连续失效系统的几种可靠性建模方法。

上述学者对多状态系统可靠性的研究都是建立在大量公式推导计算的基础上，使得多状态系统可靠性的分析显得十分复杂和烦琐。贝叶斯网络的图形化显示使元件多态关系更加直观、清晰，它能很好地表示变量的随机不确定性和相关性，并能进行不确定性推理，将贝叶斯网络技术应用于多态系统的可靠性评估，能很好地弥补已有评估方法的不足之处[104]。

第3章所建的贝叶斯网络模型均是两状态（工作和故障）模型，两状态模型构造简单、定量计算方便，但其可靠性分析功能差。实际上包含于故障状态中的内含成分是多种多样的，它们对系统运行功能的影响性质和后果都不尽相同，采用简单归并为一个状态是难于实行可靠性分析的。为此，提出建立基于贝叶斯网络的多状态机械系统贝叶斯网络的新方法，从而使机械系统的可靠性评估更具实际意义。

本书中著者引入了贝叶斯网络方法建立离散多状态系统的可靠性模型，并与 Barlow Wu 多态系统模型进行比较，给出验证实例。实践结果证明基于贝叶斯网络的多状态系统可靠性模型表达直观清楚，避免了复杂计算，具有实际意义。

4.2 离散多态系统模型

Barlow Wu 定义了多态串联系统和多态并联系统，并利用最小路集和最小割集的概念给出了一般多态系统的定义，定义如下：

多态串联系统的状态等于最坏的元件的状态，即

$$\phi(x) = \min_{1 \leqslant i \leqslant n} x_i \tag{4.1}$$

多态并联系统的状态等于最好的元件的状态，即

$$\phi(x) = \max_{1 \leqslant i \leqslant n} x_i \tag{4.2}$$

假设一个理想系统的最小路集为 $\{p_1, p_2, \cdots, p_p\}$，最小割集为 $\{k_1, k_2, \cdots, k_k\}$，那么系统的状态由式（4.3）决定：

$$\phi(x) = \max_{1 \leqslant r \leqslant p,\, i \in p_r} \min x_i = \min_{1 \leqslant s \leqslant k,\, i \in k_s} \max x_i \tag{4.3}$$

$\phi(x)$ 是任一 x_i 的非递减函数，直观上讲，它等于在最好的最小路集中的最坏的元件的状态，或者等于最坏的最小割集中的元件的状态。

利用上述定义，许多二态系统中的一些结果可以顺利推广到多态系统中去。比如，假设 t_{ij} 为元件 i 从状态 M 开始第一次到达状态 j 的时间，那么系统从状态 M 开始第一次到达状态 j 的时间为

$$\tau_j = \max_{1 \leqslant r \leqslant p,\, i \in p_r} \min t_{ij} = \min_{1 \leqslant s \leqslant k,\, i \in k_s} \max t_{ij} \tag{4.4}$$

要计算这样定义的多态系统在任一状态的概率或在任一状态以上的概率，也可以推广二态系统的结果来获得。因为定义是以最小路集和最小割集给出

的，要求系统在状态 j 或以上则必须至少有一个最小路集其中所有元件的状态都在 j 或 i 以上。只要求得 $p(\phi(x) \geq j)$，$j = 1$，2，$\cdots$，M，我们就容易计算出 $p(\phi(x) = j)$：

$$p(\phi(x) = j) = p(\phi(x) \geq j) - p(\phi(x) \geq j - 1) \qquad (4.5)$$

4.3　基于BN的多状态系统可靠性模型

多状态系统分为离散多态系统和连续多态系统，系统及部件可取的状态是有限的，即离散的，称为离散多态系统（如二极管），具有三种状态：开路状态、短路状态和正常工作状态。又如某系统具有如下四种状态：① 系统一切工作正常（完美状态）；② 系统处在退化了的工作状态；③ 系统完全故障；④ 系统处在因计划内维修而非工作状态。通常我们用0，1，2，3来表示这四种状态。由于系统或元件从完美状态到故障状态要经历许多中间状态，因此有研究人员提出连续多态系统的概念。在本书中主要研究的是离散多态系统。

下面通过三种不同的系统来描述多状态系统的贝叶斯网络模型。

元件有两个失效模式：开路失效和短路失效，则由这样的元件组成的系统也有同样的两个失效模式。因此元件有三种状态：开路失效状态、短路失效状态、正常工作状态，由这样的元件组成的系统也有同样的三种状态[105]。下面分别研究由这样的元件组成的系统的贝叶斯网络模型。

4.3.1　包含多种失效模式的并联系统

如图4.1（a）所示并联系统，一个元件开路不会造成系统开路，而一个元件短路则会造成系统短路，图4.1（b）所示为两种失效模式的系统可靠性框图。

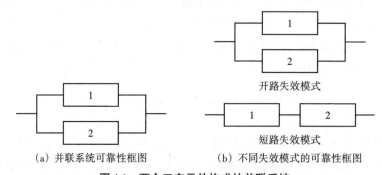

(a) 并联系统可靠性框图　　　　(b) 不同失效模式的可靠性框图

图4.1　两个三态元件构成的并联系统

根据文献［1］的方法来计算：

$$Q_o = q_{o1}q_{o2} \tag{4.6}$$

$$Q_s = 1 - \left(1 - q_{s1}\right)\left(1 - q_{s2}\right) \tag{4.7}$$

式（4.6）和式（4.7）中 Q_o 为系统开路失效概率，Q_s 为系统短路失效概率，q_{oi} 为第 i 个元件的开路失效概率，q_{si} 为第 i 个元件的短路失效概率。R_s 为元件的正常工作概率，则系统正常工作的概率为

$$R_s = 1 - Q_o - Q_s = \left(1 - q_{s1}\right)\left(1 - q_{s2}\right) - q_{o1}q_{o2} \tag{4.8}$$

当元件数增多时，不仅最小路集和最小割集难以求出，上面的公式无疑会变得相当复杂，计算起来也费时费力。

下面通过 BN 网络建立该系统的可靠性模型，如图 4.2 所示。将系统和元件的三态（开路状态、短路状态和正常状态）分别用 0，1，2 来表示，P 表示系统或元件的状态概率。图中结点 C_1，C_2 代表系统的两个元件，X 代表系统，$S(\cdot)$ 代表元件或系统的状态，在 BN 中分别给定元件 C_1，C_2 三种状态的初始概率，用条件概率表分析系统结点 X 的状态（以两元件 C_1，C_2 的不同状态为条件）。这样本来难以表达的多状态元件关系就能够很清楚容易地描述。

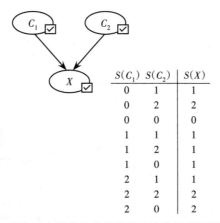

$S(C_1)$	$S(C_2)$	$S(X)$
0	1	1
0	2	2
0	0	0
1	1	1
1	2	1
1	0	1
2	1	1
2	2	2
2	0	2

图 4.2　两个三态元件组成的并联系统的贝叶斯网络模型

系统的状态求解如下：

$$\begin{aligned}
S(X) &= \sum_{C_1, C_2} S\left(C_1, C_2, X\right) \\
&= \sum_{C_1} S\left(C_1\right) \sum_{C_2} \left[S\left(X|C_2\right)S\left(C_2\right)\right] \\
&= S\left(C_1\right)S\left(C_2\right)
\end{aligned} \tag{4.9}$$

当元件C_1，C_2有一个处于状态1时，系统状态为1；

当元件C_1，C_2都处于状态0时，系统状态为0；

当元件C_1，C_2有一个不处于状态1，另一个处于状态2时，系统状态为2。

即：

当$S(C_1) = 1$或$S(C_2) = 1$时，$S(X) = 1$；

当$S(C_1) = 0$，$S(C_2) = 0$时，$S(X) = 0$；

当$S(C_1) \neq 1$，$S(C_2) = 2$，或者$S(C_1) = 2$，$S(C_2) \neq 1$时，$S(X) = 2$。

4.3.2 包含多种失效模式的串联系统

如图4.3（a）所示串联系统，一个元件开路就会造成系统开路，而一个元件短路则不会造成系统短路，图4.3（b）所示为两种失效模式的系统可靠性框图。

根据文献［1］的方法来计算：

$$Q_o = 1 - (1 - q_{o1})(1 - q_{o2}) \tag{4.10}$$

$$Q_s = q_{s1}q_{s2} \tag{4.11}$$

式（4.10）中Q_o为系统开路失效概率，Q_s为系统短路失效概率，q_{oi}为第i个元件的开路失效概率，q_{si}为第i个元件的短路失效概率。R_s为元件的正常工作概率，则系统正常工作的概率为

$$R_s = 1 - Q_o - Q_s = (1 - q_{o1})(1 - q_{o2}) - q_{s1}q_{s2} \tag{4.12}$$

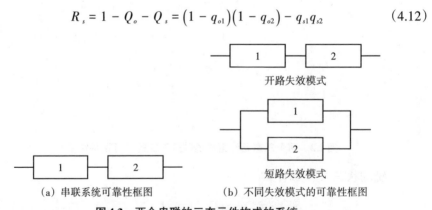

（a）串联系统可靠性框图　　（b）不同失效模式的可靠性框图

图4.3　两个串联的三态元件构成的系统

通过BN网络建立该系统的可靠性模型如图4.4所示。同样将系统和元件的三态（开路状态、短路状态和正常状态）分别用0，1，2来表示，P表示系

统或元件的状态概率。图中结点 C_1，C_2 代表系统的两个元件，X 代表系统，在 BN 网络中分别给定元件 C_1，C_2 三种状态的初始概率，$S(\cdot)$ 代表元件或系统的状态，用条件概率表分析系统结点 X 的状态（以两元件 C_1，C_2 的不同状态为条件）。

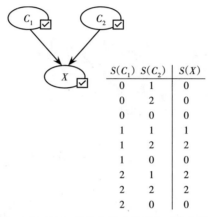

$S(C_1)$	$S(C_2)$	$S(X)$
0	1	0
0	2	0
0	0	0
1	1	1
1	2	2
1	0	0
2	1	2
2	2	2
2	0	0

图4.4 两个三态元件组成的串联系统的贝叶斯网络模型

系统的状态求解如下：

$$
\begin{aligned}
S(X) &= \sum_{C_1,\,C_2} S(C_1,\ C_2,\ X) \\
&= \sum_{C_1} S(C_1) \sum_{C_2} \big[S(X|C_2) S(C_2) \big] \\
&= S(C_1) S(C_2)
\end{aligned}
\tag{4.13}
$$

当元件 C_1，C_2 有一个处于状态0时，系统状态为0；

当元件 C_1，C_2 都处于状态1时，系统状态为1；

当元件 C_1，C_2 有一个不处于状态0，另一个处于状态2时，系统状态为2。

即：

当 $S(C_1) = 0$ 或 $S(C_2) = 0$ 时，$S(X) = 0$；

当 $S(C_1) = 1$，$S(C_2) = 1$ 时，$S(X) = 1$；

当 $S(C_1) \neq 0$，$S(C_2) = 2$，或者 $S(C_1) = 2$，$S(C_2) \neq 0$ 时，$S(X) = 2$。

从图4.2和图4.4可以看出，两个三态元件的串联系统和并联系统的 BN 网络形式是一致的，区别只在于 CPT 的不同，通过调整 CPT 可以很容易地表达多态系统。

4.3.3 多态元件组成的2/3表决系统

k/n系统是指系统至少有k个元件工作时系统才工作。2/3系统是指系统中至少有2个元件工作时系统才工作。根据k/n系统的特点，建立三态2/3系统的贝叶斯网络模型，如图4.5所示。

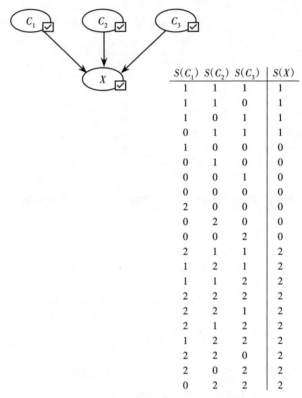

$S(C_1)$	$S(C_2)$	$S(C_3)$	$S(X)$
1	1	1	1
1	1	0	1
1	0	1	1
0	1	1	1
1	0	0	0
0	1	0	0
0	0	1	0
0	0	0	0
2	0	0	0
0	2	0	0
0	0	2	0
2	1	1	2
1	2	1	2
1	1	2	2
2	2	2	2
2	2	1	2
2	1	2	2
1	2	2	2
2	2	0	2
2	0	2	2
0	2	2	2

图4.5　三态2/3系统的贝叶斯网络模型

构建原理和图4.4所示模型基本相同。同样分别用0，1，2来表示系统和元件的失效状态、中间退化状态、正常工作三态。图中结点C_1，C_2，C_3代表系统三个元件的状态，X代表系统状态，在BN中分别给定元件C_1，C_2，C_3三种状态的初始概率，用条件概率表分析系统结点X的状态（以元件C_1，C_2，C_3的不同状态为条件）。

系统的状态求解如下：

$$S(X) = \sum_{C_1, C_2} S(C_1, C_2, C_3, X)$$

$$= \sum_{C_1} S(C_1) \sum_{C_2, C_3} \left[S(X|C_2, C_3) S(C_2) S(C_3) \right] \qquad (4.14)$$

$$= S(C_1) S(C_2) S(C_3)$$

当元件 C_1，C_2，C_3 中有两个以上处于状态0时，系统状态为0；

当元件 C_1，C_2，C_3 都处于状态1，或有两个处于状态1，另外一个处于状态0时，系统状态为1；而另一状态为2时，系统状态为2；

当元件 C_1，C_2，C_3 中有两个以上处于状态2时，系统状态为2。

即：

当 $S(C_1) = 0$，$S(C_2) = 0$，或 $S(C_1) = 0$，$S(C_3) = 0$，或 $S(C_2) = 0$，$S(C_3) = 0$，或 $S(C_2) = 0$，$S(C_1) = 0$，$S(C_3) = 0$时，$S(X) = 0$；

当 $S(C_1) = 1$，$S(C_2) = 1$，$S(C_3) = 1$，或 $S(C_1) = 1$，$S(C_2) = 1$，$S(C_3) = 0$，或 $S(C_1) = 1$，$S(C_2) = 0$，$S(C_3) = 1$，或 $S(C_1) = 0$，$S(C_2) = 1$，$S(C_3) = 1$时，$S(X) = 1$；

当 $S(C_1) = 2$，$S(C_2) = 2$，或 $S(C_1) = 2$，$S(C_3) = 2$，或 $S(C_2) = 2$，$S(C_3) = 2$，或 $S(C_2) = 2$，$S(C_1) = 2$，$S(C_3) = 2$，或 $S(C_1) = 1$，$S(C_2) = 2$，$S(C_3) = 1$，或 $S(C_1) = 2$，$S(C_2) = 1$，$S(C_3) = 1$，或 $S(C_1) = 1$，$S(C_2) = 1$，$S(C_3) = 2$ 时，$S(X) = 1$。

通过上面的三个系统可以知道，建立基于BN网络的多状态系统可靠性模型主要有下面三个步骤：

（1）确定与建立模型有关的变量及其解释：把FT的每个基本事件对应到BN的根结点。对于FT的每个逻辑门，建立BN中相应的结点，FT中多次出现的相同基本事件，在BN中可合并为一个根结点。

（2）建立一个表示条件独立断言的有向无环图：根据逻辑门及BN中相应的结点，用有向弧连接根结点和各叶结点以标明父代和子代之间的关系。

（3）确定离散系统各元件的多个状态，给出元件各状态的概率，指派各个变量的条件概率，对相应的结点附加等价的多状态CPT。

通过BN网络建立的多状态系统可靠性模型避免了复杂公式的计算，并且对元件数量没有限制，它通过形象直观的图形表示从根本上解决了这一难题。

虽然随着系统元件数量的增加，CPT 的表达式有些复杂，但是由于 BN 网络 CPT 简单并有规律，适合编程，因此应用计算机进行可靠性的分析成为可能并且相对容易，也更加快速准确。

4.4　算例分析

4.4.1　算例1：多态混联系统可靠性评估

如图 4.6 所示的多态系统，每个元件和系统都具有三个工作状态：0，1，2。假设三个元件的三态概率均已知。

$$P\big(S(C_1) = 0\big) = P\big(S(C_2) = 0\big) = P\big(S(C_3) = 0\big) = 0.1$$

$$P\big(S(C_1) = 1\big) = P\big(S(C_2) = 1\big) = P\big(S(C_3) = 1\big) = 0.5 \tag{4.15}$$

$$P\big(S(C_1) = 2\big) = P\big(S(C_2) = 2\big) = P\big(S(C_3) = 2\big) = 0.4$$

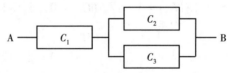

图4.6　一个三态系统的逻辑框图

应用 BN 网络，建立如下模型，如图 4.7 所示。图中结点 C_1，C_2，C_3 代表系统三个元件，X 代表系统，D 代表 C_2 和 C_3 的并联关系结点。在 BN 中分别给定元件 C_1，C_2，C_3 三种状态的初始概率，$S(\cdot)$ 代表元件或系统的状态，用 CPT 分析关联结点 D 和 X 的状态（结点 D 以元件 C_2，C_3 的不同状态为条件，结点 X 以 C_1，D 的不同状态为条件）。

计算得

$$P\big(S(X) = 1\big) = 0.635$$

$$P\big(S(X) = 2\big) = 0.256 \tag{4.16}$$

$$P\big(S(X) = 0\big) = 0.109$$

应用贝叶斯网络模型计算的结果与文献 [1] 相同。

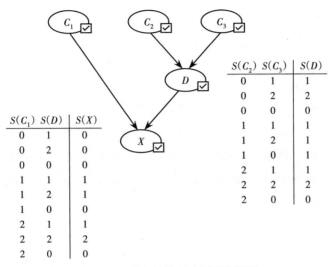

图4.7 三态系统的贝叶斯网络模型

4.4.2 算例2：状态已知逻辑关系未知的多态系统

一个二元件四态系统，元件和系统均有四种状态，其结构函数，即系统状态是元件状态的函数，如表4.1所示。

表4.1 系统状态与元件状态的关系

x_1	x_2			
	0	1	2	3
0	0	1	1	2
1	0	1	1	2
2	2	2	2	2
3	3	3	3	3

本例特点是已知元件状态，系统状态是元件状态的函数。按照Barlow Wu定义计算系统可靠性，需要计算最小路集和最小割集，如表4.2所示。

表4.2 系统最小路集和最小割集

系统状态j	最小路集	最小割集
1	(0, 1)	(1, 0)
2	(2, 0), (0, 3)	(1, 2)
3	(3, 0)	(2, 3)

找出这些最小路集与最小割集之后，就可以应用Barlow Wu方法来计算系统在多个状态时的概率。

本书应用贝叶斯网络方法建立的可靠性模型可以不用计算最小路集和最小割集，直接计算出系统在多个状态时的概率。

如图4.8所示为基于BN网络的系统可靠性模型。此模型与三态串、并联系统的形式大致相同，不同的是CPT的表达，由于该系统既不是串联也不是并联，用其他方法表达极其困难，而用BN网络可以很容易地表达出来。

令$P(S(C_1)=0)=0.1$，$P(S(C_1)=1)=0.3$，$P(S(C_1)=2)=0.3$，$P(S(C_1)=3)=0.3$；$P(S(C_2)=0)=0.15$，$P(S(C_2)=1)=0.3$，$P(S(C_2)=2)=0.2$，$P(S(C_2)=3)=0.35$。计算得

$$P(S(X)=0)=0.045，\ P(S(X)=1)=0.27$$

$$P(S(X)=2)=0.335，\ P(S(X)=3)=0.35$$

(4.17)

计算结果与文献［27］相同。

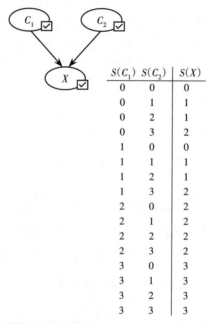

$S(C_1)$	$S(C_2)$	$S(X)$
0	0	0
0	1	1
0	2	1
0	3	2
1	0	0
1	1	1
1	2	1
1	3	2
2	0	2
2	1	2
2	2	2
2	3	2
3	0	3
3	1	3
3	2	3
3	3	3

图4.8 基于贝叶斯网络的四态二元件系统可靠性模型

4.4.3 算例3：供水系统可靠性评估

如图4.9所示，一个由三个水泵组成的供水系统向某设备供水，已知水泵正常工作流量为10 t/s，非正常工作状态下流量降为5 t/s，当水泵故障时流量为0。需水设备正常工作需水量要不小于20 t/s，当供水量小于20 t/s但不小于10 t/s时，设备处于非完全工作状态，当供水量小于10 t/s，设备停止工作。已知水泵正常工作的概率为0.8，处于非正常工作状态的概率为0.15，发生故障停止工作的概率为0.05，求需水设备分别处于三种状态时的概率。

首先，画出系统结构框图，如图4.9所示。由三个水泵P_1，P_2，P_3向设备X供水。

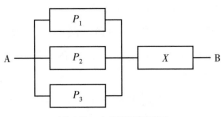

图4.9 水泵系统框图

根据已知条件可知，水泵有三种状态：正常工作状态（10 t/s），非正常工作状态（5 t/s），故障状态（0 t/s）；需水设备有三种状态：正常工作状态（不小于20 t/s），非完全工作状态（不小于10 t/s小于20 t/s），停止工作状态（小于10 t/s）。

然后建立贝叶斯网络模型，可以应用直接建模法建立模型，如图4.10（a）所示。结点P_1，P_2，P_3表示系统基本事件水泵，X表示需水设备，水泵和需水设备的三种状态分别用f，m，good表示，如表4.10（b）所示。

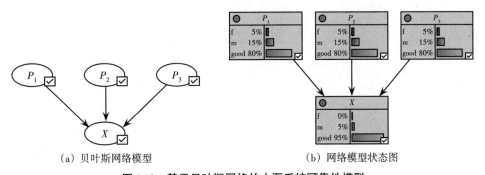

（a）贝叶斯网络模型　　　　　　（b）网络模型状态图

图4.10 基于贝叶斯网络的水泵系统可靠性模型

应用该模型解得，系统的三种状态概率分别为 $P(S(X) = \text{f}) = 0.00125$，$P(S(X) = \text{m}) = 0.04875$，$P(S(X) = \text{good}) = 0.95$。所得结果与概率方法一致。

4.5 本章小结

以 BN 网络在机械系统上的应用为基础，进一步探索研究贝叶斯网络在多状态机械系统中的应用，通过逐步分析与算例验证，建立 BN 网络多状态系统可靠性模型。

结果表明，应用 BN 网络来进行多状态系统可靠性评估，可以避开最小路集和最小割集的求解，避免了大量计算，使分析更加直观、灵活；同时由于贝叶斯网络图形化的优势，CPT 的表达使得元件与系统之间的多状态关系的描述更加简单直观，如对于相同元件的串联和并联系统，BN 网络的形式大体是一致的，只是通过调整 CPT 的形式来反映不同的系统；并且该模型不限制元件的数量，使得模型的应用范围更广。

贝叶斯网络成功地解决了离散多状态系统建模求解的困难，但对于连续多状态系统如何应用更加合理，还需进一步研究。

第5章　相关失效系统的
贝叶斯网络模型

5.1　引言

随着科学技术的发展，出现了各种复杂度很高的工业系统，为了得到高可靠性，系统经常采用各种冗余技术。由于系统的复杂度和集成度很高，它们都工作在极复杂的相互作用的条件下，由于空间、环境、设计上，以及人的因素所造成的失误等原因，部件的失效不再仅仅是独立的失效事件，而是相关失效。相关失效对系统的影响至关重要。

对于一些大型复杂系统，"相关"是其失效的普遍特征[106-123]，而共因失效这种失效相关性是导致系统内部各部分失效相关的一个重要原因，忽略系统的相关性，简单地在各部分失效相互独立的假设条件下对系统可靠性进行定性分析和定量计算，常会导致较大误差。核工业的概率风险分析（PRA）结果表明[124-130]：共因失效是系统失效和设备不可用的主要原因之一，是核电厂风险的主要来源之一。由此可见，在系统可靠性研究中，高度重视相关失效的影响是十分重要的。

从20世纪70年代到现在，分析人员先后提出了许多模型和方法来分析共因问题[131-151]，包括β因子模型、C因子模型、基本参数（BP）模型、α因子模型、多希腊字母（MGL）模型、二项失效率BFR模型、随机可靠性模型、应力强度干涉模型等数十种之多。目前，对于共因失效虽然还没有一个普遍接受的定义，但相关的定义已提出不少，而且都包含以下基本含义：共因失效是具有单一外部原因而引起多重失效（或故障）效应的事件，而且这些多重故障之间没有相互因果关系。

用于CCF分析的模型主要有β因子模型、多希腊字母（MGL）模型、α因子模型等。

β因子模型是应用于风险评价和可靠性分析中的第一个参数模型[131]。在

该模型中，零件的失效被分为独立失效（只有一个零件失效）和共因失效（所有零件全部失效）两部分，即

$$\lambda_t = \lambda_i + \lambda_c \tag{5.1}$$

式（5.1）中 λ_t 为零件的总失效率，λ_i 为独立失效率，λ_c 为共因失效率。

用参数 β 表示共因失效因子（或称相关系数），即 $\beta = \lambda_c/\lambda_t$，$\beta$ 可以通过统计分析由失效数据来确定。对于由 m 个相同零件组成的冗余系统，其 k 重失效率（k 个特定零件在单位时间内同时失效的概率）可表示为

$$\lambda_k = \begin{cases} (1-\beta)\lambda_t & k = 1 \\ 0 & 1 < k < m \\ \beta\lambda_t & k = m \end{cases} \tag{5.2}$$

显然 β 因子模型有其局限性，当系统中的元件多于两个时，会出现中间数单元失效率为零的情形。所以，β 因子模型只适用于二单元冗余系统。但由于该模型简单、灵活，易于掌握，β 值与部件的总失效率有关，这个值可以从一般的可靠性数据库中获得或借鉴。β 值不明显依赖于系统或部件的成功数据，也就是说 β 参数对于各类部件而言，差别不显著，这一点有利于实际工程应用。所以，目前有时仍在概率风险评价和可靠性分析中进行简单粗估。

基于 β 因子模型的缺陷，Fleeting 等提出了 MGL 模型，Mosleh 等提出了 α 因子模型[138]，这两个模型都考虑了任意重失效（任意个单元失效）的情况。

在二项失效率模型（BFR）中[132]，考虑了两种类型的失效，即一种是在正常环境载荷下元件的独立失效，另一种是由冲击引起的失效。BFR 模型优于 β 因子模型，但 BFR 模型中假设的限制和参数估计的复杂性，使该模型没有被广泛地应用于核工业的概率风险评价中。

针对 BFR 模型存在的这一严重缺陷，Hauptmanns 提出了多级二项失效率模型（MCBFR），修改后的 MCBFR 模型能够得到更为精确的结果，但是该模型必须基于有关耦合因素的详细信息，即必须有详细的失效事件的记录和专家的分析，这一点是很难做到的。

共同载荷模型 CLM 是通过物理的应力-强度干涉理论来建立共因失效概率的，其中所有共同的原因机制（如环境应力、人为差错等）通过应力变量分布被表达，而一些非直接的共因失效机制（如系统的退化、元件性能的变化）通过强度的分布被描述，该模型的最大缺点是应力及强度的分布无法精确表达，而只能用"试凑法"计算系统失效概率，无法给出明确的系统失效概率表达

式，致使该模型也没有得以充分发展[149]。

CLM 模型和后来的分布失效概率模型（DFP）（只强调了环境应力对相关失效的影响）、随机可靠性分析模型（SRA）（认为零件性能的多样性导致了系统失效的相关性），还有谢里阳以环境载荷与零件性能并重的思想提出了一种叫作基于知识的多维离散化共因失效模型（KBMD）[115]，都可以称作物理模型，这种模型的优点是模型中能够体现出系统失效的原因，从而可以制定相应的防御措施。

目前，国内在共因失效方面的研究还很少，主要停留在定性分析上，很少有对共因失效的定量计算问题进行研究。

谢里阳[106, 130]对系统共因失效分析中涉及的概念，如共因失效的"根本原因"（root cause）和"耦合机制"（coupling mechanism）等，从载荷的随机性导致零件失效相关性这一观点给予了解释。同时还提出和讨论了"固有相关性""偶然相关性""绝对共因失效""相对共因失效"等概念。借助多维应力-强度干涉分析和对干涉模型进行的离散化处理，建立了根据零件/系统失效数据预测系统共因失效的新模型。另外，在深入分析相关系统失效的内因、外因及其相互作用规律的基础上，从数学上阐述了产生系统失效相关性的根本原因，应用次序统计量构建了相关系统可靠性模型。后来也有很多分析人员在这些模型的基础上做了大量工作。在单调关联系统的故障树分析中，通常也假定底事件是相互独立的。

谢里阳在文献［152］中建立的共因失效模型提出了两种建模方法：显式建模法和隐含建模法，两种方法均能够解决考虑共因失效时系统的可靠性分析问题。但由于显式建模法需要计算最小割集，对于大型复杂系统计算量会大大增加。而隐含建模法要求共因组元件具有相同概率，这对电子元器件可能是适合的，但对于大型复杂系统比如机械系统，还有待建立更好的考虑失效相关性的模型。王学敏等[153]将幂指数分布引入到系统可靠性模型中，建立了可靠性的共因失效模型，该模型随着元件数量的增加计算量也增加。李翠玲等[154]提出了基于零件条件失效概率的共因失效模型。

对于相关失效，国内外已经做了很多相关研究，但是由于相关失效问题的复杂性和重要性，国内外至今也没有停止对相关失效问题的不同深度的研究。

5.2 共因失效元件的CCF分析

设不可修系统的某共因元件组中含有 r 个相同的元件，各元件的寿命独立同分布，都具有完好和失效两种状态，各重共因失效率函数分别为 $\lambda_1(t)$，$\lambda_2(t)$，$\cdots$，$\lambda_r(t)$。则共因元件组中某一指定的 j 重共因失效不发生的概率为

$$P_j^{(r)}(t) = \exp\left[-\int_0^t \lambda_j(t)\,\mathrm{d}t\right] \qquad j = 1,\ \cdots,\ r \tag{5.3}$$

某元件处于可靠状态的概率应等于包含该元件的各重CCF均不发生的概率，所以，该元件的可靠度为

$$R_1^{(r)}(t) = \prod_{j=1}^r \left[P_j^{(r)}(t)\right]^{\left[\begin{matrix} r-1 \\ j-1 \end{matrix}\right]} \tag{5.4}$$

$$\left[\begin{matrix} r-1 \\ j-1 \end{matrix}\right] = \frac{(r-1)!}{(j-1)!(r-1)!} \tag{5.5}$$

设 $R_m^{(r)}(t)$ 表示共因元件组中的某 m 个元件在时刻 t 同时处于可靠状态的概率，显然为

$$R_m^{(r)}(t) = \Pr\left\{S_1 \bigcap S_2 \bigcap \cdots \bigcap S_m,\ t\right\} \tag{5.6}$$

式（5.6）中，S_j 表示元件处于可靠状态的事件，$j = 1$，$\cdots$，m。由于事件 S_1，S_2，$\cdots$，S_m 的发生同时受到共因元件组共因的影响，与各可靠事件统计相关。时刻 t 的联合可靠事件 $S_1 \bigcap S_2$ 的发生概率为

$$\Pr\left\{S_1 \bigcap S_2,\ t\right\} = \Pr\left\{S_1,\ t\right\}\Pr\left\{S_2 \middle| S_1,\ t\right\} \tag{5.7}$$

式（5.7）表示元件1可靠的条件下元件2也可靠的概率，其值为排除元件1后，在剩余的 $n-1$ 个元件中，包含元件2的1至 $r-1$ 重共因失效均不发生的概率。因此，时刻 t 的联合可靠事件 $S_1 \bigcap S_2 \bigcap \cdots \bigcap S_m$ 的发生概率为

$$\begin{aligned} R(t) &= \Pr\left\{S_1,\ t\right\}\Pr\left\{S_2 \middle| S_1,\ t\right\}\Pr\left\{S_3 \middle| S_2,\ S_1,\ t\right\}\cdots\Pr\left\{S_m \middle| S_1,\ S_2,\ \cdots,\ S_{m-1},\ t\right\} \\ &= R_1^{(r)}(t)R_1^{(r-1)}(t)\cdots R_1^{(r-m+1)}(t) \\ &= \prod_{k=r-m+1}^r R_1^{(k)}(t) \end{aligned} \tag{5.8}$$

当各重共因失效率均为与时间无关的常数时，式（5.8）的结果为

$$R_m^{(r)}(t) = \prod_{k=r-m+1}^{r} \exp\left[-\sum_{j=1}^{k}\begin{bmatrix} k-1 \\ j-1 \end{bmatrix}\lambda_j t\right] \qquad (5.9)$$

5.3 基于BN的相关失效系统可靠性模型

故障树是相关系统建模和大型复杂系统进行可靠性评估的常用方法之一。该方法基于不期望发生事件的不确定性分析，即系统失效。故障树的构建是自上而下的形式，从事件到事件发生的原因，直到最终基本元件的失效。这种方法基于下面的一些假设。

① 事件是二元的，即只存在工作、失效两种状态。

② 事件间是相互独立的。

③ 事件和原因之间的关系是通过逻辑与门和或门来表达的。

④ 某些故障树工具放松了对第三条假设的规定，允许包含非门和关联门。

贝叶斯网络应用在可靠性研究中人们已经有了一些经验，由于其双向推理功能和条件独立性，现在已经得到了广泛应用，而其应用于相关系统的研究尤其具有优势。

贝叶斯网络具有双向推理功能和条件独立性，在故障诊断领域已经得到了广泛应用，对于相关系统的可靠性研究，它也具有传统系统可靠性分析方法所不具备的优点。

建立相关失效系统贝叶斯网络模型的关键是求出系统中元件的各重失效率 λ_1，λ_2，$\cdots$，λ_n，即将元件失效分离为一阶失效子元件和多阶失效子元件，并用一阶失效因子和多阶失效因子表示。对于一个元件来说，一阶失效子元件和多阶失效子元件是串联关系，分别用不同的结点表示。根据系统中各元件的逻辑关系，按照贝叶斯网络的建模方法，建立系统的贝叶斯网络模型。

下面通过机械系统中几种典型的相关失效系统，来说明相关失效系统可靠性贝叶斯网络模型的建立过程。

5.3.1 相关失效串联系统可靠性模型

系统的所有组成单元中任一单元的故障都会导致整个系统故障的系统称为串联系统。串联模型是最常用和最简单的模型之一。串联系统的可靠性框图如

图5.1所示，不考虑相关失效时其系统可靠度的数学模型为

$$R_s(t) = \prod_{i=1}^{n} R_i(t) = \prod_{i=1}^{n} e^{-\int_0^t \lambda_i(t)\,dt} \tag{5.10}$$

式（5.10）中：$R_s(t)$——系统的可靠度；

$\qquad\qquad n$——组成系统的单元数；

$\qquad\qquad R_i(t)$——单元的可靠度；

$\qquad\qquad \lambda_i(t)$——单元的故障率。

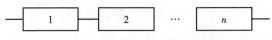

图5.1　串联系统可靠性框图

若考虑相关失效，当 $n=2$ 时，基于贝叶斯网络的相关失效系统可靠性模型如图5.2所示。C 为两元件的二阶失效因子。S_1，S_2 分别为元件1，2的一阶失效因子。

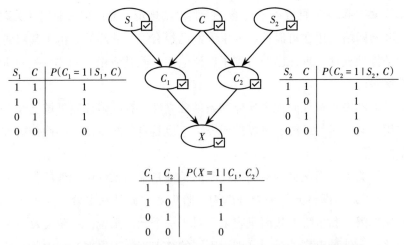

图5.2　基于贝叶斯网络的二元件串联相关失效系统可靠性模型

系统可靠度的数学表达式为

$$P(X=0) = \sum_{C_1,\,C_2,\,S_1,\,C,\,S_2} P(S_1,\ C,\ S_2,\ C_1,\ C_2,\ X)$$

$$\sum_{S_1,\,C}\left[P(C_1=0|S_1,\ C)P(S_1)P(C)\right]\sum_{S_2,\,C}\left[P(C_2=0|S_2,\ C)P(S_2)P(C)\right]$$

$$= P(S_1=0)P(S_2=0)P(C=0)$$

$$\tag{5.11}$$

当 $S_1 = S_2$ 时，简化为

$$P(X = 0) = P^2(S_1 = 0)P(C = 0) \tag{5.12}$$

当 $n = 3$ 时，基于贝叶斯网络的相关失效模型如图5.3所示。

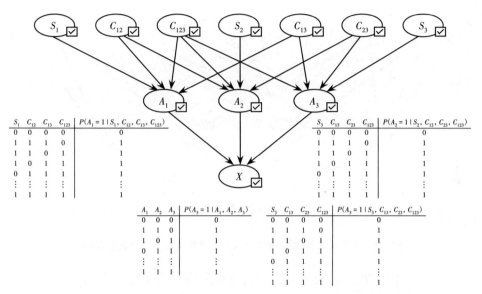

图5.3　基于贝叶斯网络的三元件串联相关失效系统可靠性模型

C_{ij} 为元件 i，j 的二阶失效因子，C_{ijk} 为元件 ijk 的三阶失效因子，S_1，S_2，S_3 分别为元件1，2，3的一阶失效因子。

系统可靠度的数学表达式为

$$P(X = 0) = \sum_{C_1, C_2, S_1, C, S_2} P\left(S_1, \ C_{12}, \ S_2, \ C_{13}, \ C_{23}, \ C_{123}, \ S_3, \ A_1, \ A_2, \ A_3, \ X\right)$$

$$= \sum_{A_1, A_2, A_3} \left\{ P\left(X = 0 \middle| A_1, \ A_2, \ A_3\right) \sum_{S_1, C_{12}, C_{123}, C_{13}} \left[\begin{array}{l} P\left(A_1 = 0 \middle| S_1, \ C_{12}, \ C_{13}, \ C_{123}\right) \cdot \\ P(S_1)P(C_{12})P(C_{13})P(C_{123}) \end{array} \right] \cdot \right.$$

$$\sum_{S_2, C_{12}, C_{23}, C_{123}} \left[P\left(A_2 = 0 \middle| S_2, \ C_{12}, \ C_{23}, \ C_{123}\right) P(S_2)P(C_{12})P(C_{23})P(C_{123}) \right] \cdot$$

$$\left. \sum_{S_3, C_{13}, C_{23}, C_{123}} \left[P\left(A_3 = 0 \middle| S_3, \ C_{13}, \ C_{23}, \ C_{123}\right) P(S_3)P(C_{13})P(C_{23})P(C_{123}) \right] \right\}$$

$$= P\left(S_1 = 0\right) P\left(S_2 = 0\right) P\left(S_3 = 0\right) P\left(C_{12} = 0\right) \cdot$$

$$P\left(C_{13} = 0\right) P\left(C_{23} = 0\right) P\left(C_{123} = 0\right)$$

$$\tag{5.13}$$

当 $S_1 = S_2 = S_3$，$C_{12} = C_{13} = C_{23}$ 时，式（5.13）简化为

$$P(X=0) = P^3(S_1 = 0) P^3(C_{12} = 0) P(C_{123} = 0) \tag{5.14}$$

当 $n = 4$ 时，基于贝叶斯网络的相关失效模型如图 5.4 所示。

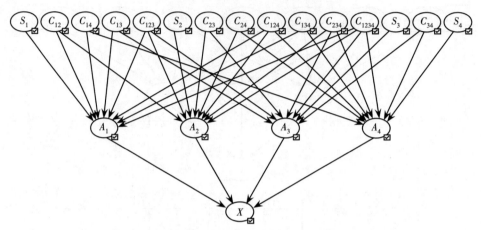

图5.4　基于贝叶斯网络的四元件串联相关失效系统可靠性模型

C_{ij} 为元件 i，j 的二阶失效因子，C_{ijk} 为元件 ijk 的三阶失效因子，C_{1234} 为元件 1234 的四阶失效因子，S_1，S_2，S_3 分别为元件 1，2，3 的一阶失效因子。由于同为串联结构，CPT 与前述表格结构类似，这里略去具体表格。

数学表达式为

$$P(X=0) = \sum_{C_1, C_2, S_1, C, S_2} P\begin{pmatrix} S_1,\ C_{12},\ S_2,\ C_{13},\ C_{14},\ C_{23},\ C_{123},\ S_3,\ C_{24},\ C_{34}, \\ C_{124},\ C_{1234},\ C_{234},\ C_{134},\ S_4,\ A_1,\ A_2,\ A_3,\ A_4,\ X \end{pmatrix}$$

$$= \sum_{A_1, A_2, A_3, A_4} \Big\{ P(X=0 | A_1,\ A_2,\ A_3,\ A_4)$$

$$\sum_{S_1, C_{12}, C_{123}, C_{13}, C_{14}, C_{124}, C_{134}, C_{1234}} \left[P\begin{pmatrix} A_1 = 0 \Big| \begin{matrix} S_1,\ C_{12},\ C_{13},\ C_{123}, \\ C_{14},\ C_{124},\ C_{134},\ C_{1234} \end{matrix} \end{pmatrix} P(S_1) P(C_{12}) \cdot \\ P(C_{13}) P(C_{123}) P(C_{14}) P(C_{124}) P(C_{134}) P(C_{1234}) \right] \cdot$$

$$\sum_{S_2, C_{12}, C_{23}, C_{123}, C_{24}, C_{234}, C_{124}, C_{1234}} \left[P\begin{pmatrix} A_2 = 0 \Big| \begin{matrix} S_2,\ C_{12},\ C_{23},\ C_{123}, \\ C_{24},\ C_{234},\ C_{124},\ C_{1234} \end{matrix} \end{pmatrix} P(S_2) P(C_{12}) \cdot \\ P(C_{23}) P(C_{13}) P(C_{123}) P(C_{24}) P(C_{34}) P(C_{1234}) \right] \cdot$$

$$\sum_{S_3, C_{13}, C_{23}, C_{123}, C_{34}, C_{234}, C_{134}, C_{1234}} \left[P\left(A_3 = 0 \middle| \begin{array}{cccc} S_3, & C_{13}, & C_{23}, & C_{123}, \\ C_{234}, & C_{34}, & C_{134}, & C_{1234} \end{array} \right) P(S_3) P(C_{13}) \cdot \atop P(C_{23}) P(C_{133}) P(C_{234}) P(C_{34}) P(C_{134}) P(C_{1234}) \right] \cdot$$

$$\sum_{S_4, C_{14}, C_{24}, C_{34}, C_{234}, C_{134}, C_{124}, C_{1234}} \left[P\left(A_4 = 0 \middle| \begin{array}{cccc} S_4, & C_{14}, & C_{24}, & C_{34}, \\ C_{234}, & C_{134}, & C_{124}, & C_{1234} \end{array} \right) P(S_4) P(C_{14}) \cdot \atop P(C_{24}) P(C_{34}) P(C_{234}) P(C_{134}) P(C_{124}) P(C_{1234}) \right] \Bigg\}$$

$$= P(S_1 = 0) P(S_2 = 0) P(S_3 = 0) P(S_4 = 0) P(C_{12} = 1) P(C_{13} = 0)$$

$$P(C_{14} = 0) P(C_{23} = 0) P(C_{24} = 0) P(C_{34} = 0) P(C_{123} = 0)$$

$$P(C_{124} = 0) P(C_{134} = 0) P(C_{234} = 0) P(C_{1234} = 0)$$

$$(5.15)$$

当 $S_i = S_1 = S_2 = S_3$，$C_{ij} = C_{12} = C_{13} = C_{23}$，$C_{ijk} = C_{123} = C_{134} = C_{234} = C_{124}$ 时，式（5.15）简化为

$$P(X = 0) = P^4(S_i = 0) P^6(C_{ij} = 0) P^4(C_{ijk} = 0) P(C_{1234} = 0) \qquad (5.16)$$

5.3.2 相关失效并联系统可靠性模型

组成系统的所有单元都发生故障时，系统才发生故障的系统称为并联系统。并联模型是最简单的有储备模型。

并联模型的可靠性框图如图5.5所示，其系统可靠度的数学模型为

$$R_s(t) = 1 - \prod_{i=1}^{n} \left[1 - R_i(t) \right] \qquad (5.17)$$

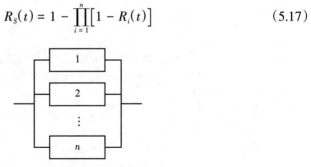

图5.5 并联系统可靠性框图

若考虑相关失效，$n = 2$ 时，基于贝叶斯网络的相关失效模型如图5.6所示。

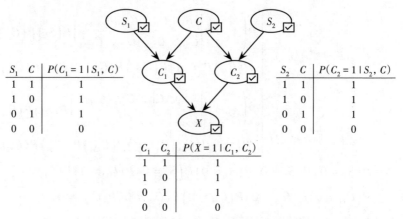

图5.6　基于贝叶斯网络的二元件并联相关失效系统可靠性模型

C 为两元件的二阶失效因子。S_1，S_2 分别为元件 1，2 的一阶失效因子。系统可靠度的数学表达式为

$$P(X = 0) = \sum_{C_1, C_2, S_1, C, S_2} P(S_1, \ C, \ S_2, \ C_1, \ C_2, \ X)$$

$$= \sum_{C_1, C_2} \left\{ \begin{array}{c} P(X = 0 | C_1, \ C_2) \sum_{S_1, C} \big[P(C_1 = 0 | S_1, \ C) P(S_1) P(C) \big] \cdot \\ \sum_{S_2, C} \big[P(C_2 = 0 | S_2, \ C) P(S_2) P(C) \big] \end{array} \right\} \quad (5.18)$$

$$= 2P(S_1 = 0) P(C = 0) - P^2(S_1 = 0) P(C = 0)$$

当 $n = 3$ 时，基于贝叶斯网络的相关失效模型如图 5.7 所示。

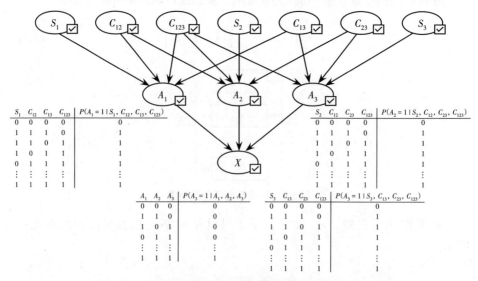

图5.7　基于贝叶斯网络的三元件并联相关失效系统可靠性模型

C_{ij}为元件i，j的二阶失效因子，C_{ijk}为元件ijk的三阶失效因子，S_1，S_2，S_3分别为元件1，2，3的一阶失效因子。

系统可靠度的数学表达式为

$$P(X = 0) = \sum_{C_1, C_2, S_1, C, S_2} P\big(S_1, \ C_{12}, \ S_2, \ C_{13}, \ C_{23}, \ C_{123}, \ S_3, \ A_1, \ A_2, \ A_3, \ X\big)$$

$$= \sum_{A_1, A_2, A_3} \left\{ P\big(X = 0 \big| A_1, \ A_2, \ A_3\big) \sum_{S_1, C_{12}, C_{123}, C_{13}} \begin{bmatrix} P\big(A_1 = 0 \big| S_1, \ C_{12}, \ C_{13}, \ C_{123}\big) \\ P\big(S_1\big)P\big(C_{12}\big)P\big(C_{13}\big)P\big(C_{123}\big) \end{bmatrix} \right.$$

$$\sum_{S_2, C_{12}, C_{23}, C_{123}} \Big[P\big(A_2 = 0 \big| S_2, \ C_{12}, \ C_{23}, \ C_{123}\big)P\big(S_2\big)P\big(C_{12}\big)P\big(C_{23}\big)P\big(C_{123}\big) \Big]$$

$$\left. \sum_{S_3, C_{13}, C_{23}, C_{123}} \Big[P\big(A_3 = 0 \big| S_3, \ C_{13}, \ C_{23}, \ C_{123}\big)P\big(S_3\big)P\big(C_{13}\big)P\big(C_{23}\big)P\big(C_{123}\big) \Big] \right\}$$

$$= 3P\big(S_1 = 0\big)P\big(C_{12} = 0\big)P\big(C_{13} = 0\big)P\big(C_{123} = 0\big) - 3P\big(S_1 = 0\big)$$

$$P\big(S_2 = 0\big)P\big(C_{12} = 0\big)P\big(C_{13} = 0\big)P\big(C_{23} = 0\big)P\big(C_{123} = 0\big) +$$

$$P\big(S_1 = 0\big)P\big(S_2 = 0\big)P\big(S_3 = 0\big)P\big(C_{12} = 0\big)P\big(C_{13} = 0\big)$$

$$P\big(C_{23} = 0\big)P\big(C_{123} = 0\big)$$

$$(5.19)$$

当$S_i = S_1 = S_2 = S_3$，$C_{ij} = C_{12} = C_{13} = C_{23}$时，上式简化为

$$P(X = 0) = 3P\big(S_i = 0\big)P^2\big(C_{ij} = 0\big)P\big(C_{ijk} = 0\big) -$$
$$3P^2\big(S_i = 0\big)P^3\big(C_{ij} = 0\big)P\big(C_{ijk} = 0\big) + \qquad (5.20)$$
$$P^3\big(S_i = 0\big)P^3\big(C_{ij} = 0\big)P\big(C_{ijk} = 0\big)$$

当$n = 4$时，基于贝叶斯网络的相关失效模型如图5.8所示。

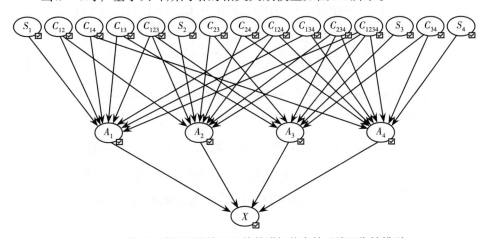

图5.8　基于贝叶斯网络的四元件并联相关失效系统可靠性模型

C_{ij} 为元件 i，j 的二阶失效因子，C_{ijk} 为元件 ijk 的三阶失效因子，C_{1234} 为元件 1234 的四阶失效因子，S_1，S_2，S_3 分别为元件 1，2，3 的一阶失效因子。

数学表达式为

$$
\begin{aligned}
P(X=0) &= \sum_{C_1,C_2,S_1,C,S_2} P\begin{pmatrix} S_1,\ C_{12},\ S_2,\ C_{13},\ C_{14},\ C_{23},\ C_{123},\ S_3,\ C_{24},\ C_{34}, \\ C_{124},\ C_{1234},\ C_{234},\ C_{134},\ S_4,\ A_1,\ A_2,\ A_3,\ A_4,\ X \end{pmatrix} \\
&= \sum_{A_1,A_2,A_3,A_4} \Big\{ P(X=0|A_1,\ A_2,\ A_3,\ A_4) \\
&\quad \sum_{S_1,C_{12},C_{123},C_{13},C_{14},C_{124},C_{134},C_{1234}} \left[\begin{array}{l} P\begin{pmatrix} A_1=0|S_1,\ C_{12},\ C_{13},\ C_{123}, \\ C_{14},\ C_{124},\ C_{134},\ C_{1234} \end{pmatrix} P(S_1)P(C_{12}) \\ P(C_{13})P(C_{123})P(C_{14})P(C_{124})P(C_{134})P(C_{1234}) \end{array} \right] \\
&\quad \sum_{S_2,C_{12},C_{23},C_{123},C_{24},C_{234},C_{124},C_{1234}} \left[\begin{array}{l} P\begin{pmatrix} A_2=0|S_2,\ C_{12},\ C_{23},\ C_{123}, \\ C_{24},\ C_{234},\ C_{124},\ C_{1234} \end{pmatrix} P(S_2)P(C_{12}) \\ P(C_{23})P(C_{13})P(C_{123})P(C_{24})P(C_{34})P(C_{1234}) \end{array} \right] \\
&\quad \sum_{S_3,C_{13},C_{23},C_{123},C_{34},C_{234},C_{134},C_{1234}} \left[\begin{array}{l} P\begin{pmatrix} A_3=0|S_3,\ C_{13},\ C_{23},\ C_{123}, \\ C_{234},\ C_{34},\ C_{134},\ C_{1234} \end{pmatrix} P(S_3)P(C_{13}) \\ P(C_{23})P(C_{133})P(C_{234})P(C_{34})P(C_{134})P(C_{1234}) \end{array} \right] \\
&\quad \sum_{S_4,C_{14},C_{24},C_{34},C_{234},C_{134},C_{124},C_{1234}} \left[\begin{array}{l} P\begin{pmatrix} A_4=0|S_4,\ C_{14},\ C_{24},\ C_{34}, \\ C_{234},\ C_{134},\ C_{124},\ C_{1234} \end{pmatrix} P(S_4)P(C_{14}) \\ P(C_{24})P(C_{34})P(C_{234})P(C_{134})P(C_{124})P(C_{1234}) \end{array} \right] \Big\} \\
&= 4P(S_1=0)P(S_2=0)P(S_3=0)P(S_4=0)P(C_{12}=0)P(C_{13}=0) \\
&\quad P(C_{14}=0)P(C_{23}=0)P(C_{24}=0)P(C_{34}=0)P(C_{123}=0)P(C_{124}=0) \\
&\quad P(C_{134}=0)P(C_{234}=0)P(C_{1234}=0)
\end{aligned}
$$

(5.21)

当 $S_i = S_1 = S_2 = S_3$，$C_{ij} = C_{12} = C_{13} = C_{23}$，$C_{ijk} = C_{123} = C_{134} = C_{234} = C_{124}$ 时，式（5.21）简化为

$$
\begin{aligned}
P(X=0) &= 4P(S_i=0)P^3(C_{ij}=0)P^3(C_{ijk}=0)P(C_{1234}=0) - \\
&\quad 6P^2(S_i=0)P^5(C_{ij}=0)P^4(C_{ijk}=0)P(C_{1234}=0) - \\
&\quad P^4(S_i=0)P^6(C_{ij}=0)P^4(C_{ijk}=0)P(C_{1234}=0)
\end{aligned}
$$

(5.22)

5.4　算例分析

5.4.1　两元件串联的相关失效系统可靠度评估

某二元件系统，在独立失效条件下，其可靠度分别为 P_1，P_2，且 $P_1 = P_2 = P$，其中一个元件失效时，其失效率为 $\lambda_1 = 0.002$，两个元件同时失效时，其失效率为 $\lambda_2 = 0.0002$。同样 $R_s(t)$ 为不考虑相关失效时系统的可靠度，$R_c(t)$ 为考虑相关失效时系统的可靠度，令 $t = 100$ h。图 5.9 为两元件的串联系统可靠性框图。

图5.9　两元件串联系统可靠性框图

在不考虑相关失效的情况下，元件的可靠度为

$$P = P_1 = P_2 = \exp\left(-\left(\lambda_1 + \lambda_2\right)t\right) = 0.8025 \qquad (5.23)$$

系统的可靠度为

$$R_s(t) = P_1 P_2 = P^2 = \exp\left(-2\left(\lambda_1 + \lambda_2\right)t\right) = 0.6440 \qquad (5.24)$$

应用贝叶斯网络建立串联系统相关失效可靠性模型，如图 5.10 所示。图中结点 S_1，S_2，C 分别为考虑相关失效时元件 1，2 的一阶失效因子和二阶失效因

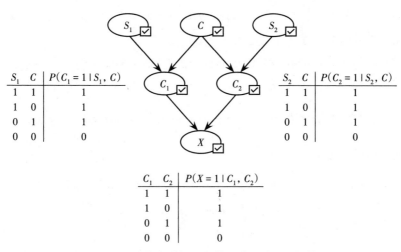

图5.10　两元件串联相关失效系统贝叶斯网络模型

子，结点 C_1 表示元件 1 的一阶失效因子 S_1 串联二阶失效因子 C 后的状态，结点 C_2 表示元件 2 的一阶失效因子 S_2 串联二阶失效因子 C 后的状态，X 表示元件 1 和元件 2 串联后的状态。$P(X=1|C_1, C_2)$ 表示在考虑相关失效时系统的失效概率。变量值取 1 或 0 表示变量代表的事件为失效或工作正常。

在考虑相关失效的情况下，元件的可靠度为

$$P_S = P_{S_1} = P_{S_2} = \exp(-\lambda_1 t) = 0.8187 \qquad (5.25)$$

$$P_C = \exp(-\lambda_2 t) = 0.9845 \qquad (5.26)$$

P_{S_1}，P_{S_2} 为元件发生单独失效时的可靠度，P_C 为元件发生相关失效时的可靠度。

根据贝叶斯网络的推理关系，在考虑相关失效的情况下，系统的可靠度为

$$R_C(100) = 0.6599 \qquad (5.27)$$

由计算结果可以看出，在串联情况下，独立假设时系统的可靠度小于考虑相关失效时系统的可靠度，即 $R_s(100) < R_C(100)$，这与传统的定性分析结果吻合[154]。

5.4.2 两元件并联的相关失效系统可靠度评估

某二元件系统，在独立失效条件下，其可靠度分别为 P_1，P_2，且 $P_1 = P_2 = P$，其中一个元件失效时，其失效率为 $\lambda_1 = 0.002$，两个元件同时失效时，其失效率为 $\lambda_2 = 0.0005$。同样，$R_s(t)$ 为不考虑相关失效时系统的可靠度，$R_c(t)$ 为考虑相关失效时的系统可靠度，令 $t = 100$ h。

图 5.11 为两元件的并联系统可靠性框图，在不考虑相关失效的情况下，元件的可靠度为

$$P = P_1 = P_2 = \exp(-(\lambda_1 + \lambda_2)t) = 0.7788 \qquad (5.28)$$

系统的可靠度为

$$
\begin{aligned}
R_s(100) &= P_1 + P_2 - P_1 P_2 = 2P - P^2 \\
&= 2\exp(-\lambda_1 t) - \exp(-2\lambda_1 t) \\
&= 0.9511
\end{aligned} \qquad (5.29)
$$

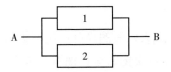

图5.11　两组件并联系统可靠性框图

应用贝叶斯网络建立并联相关失效系统模型，如图5.12所示。图中结点 S_1，S_2，C 分别为考虑相关失效时元件1和元件2的一阶失效因子和二阶失效因子，结点 C_1 表示元件1的一阶失效因子 S_1 串联二阶失效因子 C 后的状态，结点 C_2 表示元件2的一阶失效因子 S_2 串联二阶失效因子 C 后的状态，X 表示元件1和元件2并联后的状态。$P(X=1|C_1,C_2)$ 表示在考虑相关失效时系统的失效概率。变量值取1或0表示变量代表的事件为失效或工作正常。在考虑相关失效的情况下，元件的可靠度为

$$P_S = P_{S_1} = P_{S_2} = \exp(-\lambda_1 t) = 0.8187 \tag{5.30}$$

P_{S_1}，P_{S_2} 为元件发生单独失效时的可靠度，P_C 为元件发生相关失效时的可靠度。

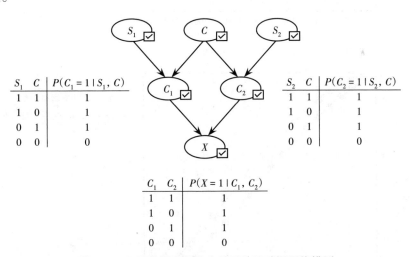

图5.12　两元件并联相关失效系统贝叶斯网络模型

根据贝叶斯网络的推理关系，在考虑相关失效的情况下，系统的可靠度为

$$R_C(100) = 0.9199 \tag{5.31}$$

由计算结果可以看出，在并联情况下，独立假设时系统的可靠度大于考虑相关失效时系统的可靠度，即 $R_s(100) > R_C(100)$，与传统的定性分析结果

吻合[154]。

图5.13给出了考虑相关失效时的贝叶斯网络模型与传统单元独立失效假设条件下，系统可靠度随时间变化的对比曲线，并应用Monte-Carlo仿真方法进行了验证。

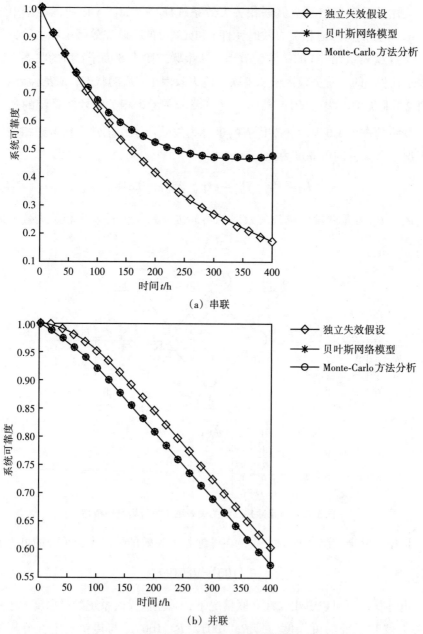

（a）串联

（b）并联

图5.13　两元件串联和并联系统可靠度对比曲线

图中用菱形表示不考虑相关失效时系统可靠度随时间变化的曲线，用星形表示考虑相关失效时，应用本书中的贝叶斯网络模型的可靠度随时间变化的曲线，用空心圆点表示Monte-Carlo仿真结果。

由计算结果可以看出，在并联情况下，$R_s(t) > R_c(t)$；而在串联情况下刚好相反，这与传统的定性分析结果吻合[154]。由图中可以看出，贝叶斯网络模型所得结果具有很高的精度，与Monte-Carlo仿真结果完全一致。

5.4.3　考虑三阶相关失效的2/3（G）表决系统可靠度评估

某2/3（G）冗余系统由3个相同的阀组成，并配有实时监控装置，有两个以上正常阀时系统正常工作。系统开始运行就开始对系统及阀的失效状况进行监测。$\lambda_1 = 0.00167$，$\lambda_2 = 0.00067$，$\lambda_3 = 0.00100$，计算运行时间 $t = 50$ h。不考虑相关失效时的系统可靠度表达式为

$$
\begin{aligned}
R_S(t) &= \sum_{i=2}^{3} C_3^i P^i(t)\big(1 - P(t)\big)^{3-i} \\
&= 3P^2(t)\big(1 - P(t)\big) + P^3(t) \\
&= 3P^2(t) - 2P^3(t)
\end{aligned}
\tag{5.32}
$$

$$
\begin{aligned}
R_S(t) &= 3\exp\big(-2(\lambda_1 + \lambda_2 + \lambda_3)t\big) - 2\exp\big(-3(\lambda_1 + \lambda_2 + \lambda_3)t\big) \\
&= 3\exp(-0.00668\,t) - 2\exp(-0.0102\,t)
\end{aligned}
\tag{5.33}
$$

$$R_S(50) = 0.8039$$

应用贝叶斯网络建立2/3（G）相关失效系统贝叶斯网络模型，如图5.14所示。图中结点 S_1，S_2，S_3 分别为考虑相关失效时元件的一阶失效因子，C_{ij} 表示 i 和 j 两个元件同时失效的二阶失效因子，C_{ijk} 表示 i，j，k 三个元件同时失效的三阶失效因子。结点 A_1 表示相关元件1的一阶失效因子 S_1 串联元件1的多重失效因子后的状态，结点 A_2 表示相关元件2的一阶失效因子串联元件2的多重失效因子后的状态，结点 A_3 表示相关元件3的一阶失效因子 S_3 串联元件3的多重失效因子后的状态，X 表示三个相关元件的一阶失效因子串联多阶失效因子后得到的三个新元件进行2/3（G）计算后的状态，即表示系统状态。$P\big(A_1 = 1 \,\big|\, S_1,\ C_{12},\ C_{13},\ C_{123}\big)$ 表示在考虑相关失效时元件1的失效概率，$P\big(A_2 = 1 \,\big|\, S_2,\ C_{12},\ C_{23},\ C_{123}\big)$ 表示在考虑相关失效时元件2的失效概率，

$P\left(A_3 = 1 \mid S_3, \ C_{13}, \ C_{23}, \ C_{123}\right)$ 表示在考虑相关失效时元件 3 的失效概率。$P\left(X = 1 \mid A_1, \ A_2, \ A_3\right)$ 表示在考虑三元件相关失效时系统的失效概率。变量值取 1 或 0 表示变量代表的事件为失效或工作正常。

在考虑相关失效的情况下，元件的可靠度为

$$P_1 = P_2 = P_3 = \exp\left(-\lambda_1 t\right) = 0.9199 \tag{5.34}$$

$$P_{C_{12}} = P_{C_{13}} = P_{C_{23}} = \exp\left(-\lambda_2 t\right) = 0.9671 \tag{5.35}$$

$$P_{C_{123}} = \exp\left(-\lambda_3 t\right) = 0.9512 \tag{5.36}$$

P_s 为元件发生单独失效时的可靠度，$P_{C_{ij}}$ 为 i，j 两元件发生相关失效时的可靠度，$P_{C_{ijk}}$ 为 i，j，k 三个元件发生相关失效时的可靠度。

由贝叶斯网络模型解得，当系统工作 $t = 50 \text{ h}$ 时，$R_C(50) = 0.8446$，即

$$R_C(t) < R_S(t)$$

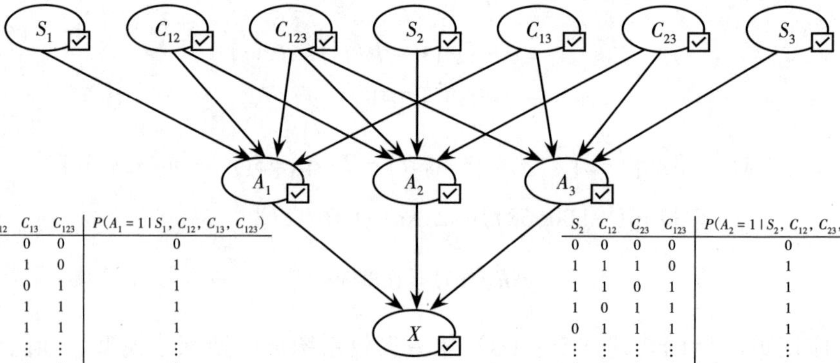

图 5.14　2/3（G）相关失效系统贝叶斯网络模型

5.4.4　包含相关元件组的网络系统可靠度评估

P_1，P_2，P_3，P_4，P_5 依次为图 5.15 中 5 个元件在不考虑相关失效时的可靠度，元件 1，2 为相关元件组。

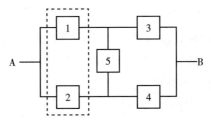

图 5.15　网络系统可靠性框图

计算过程如下：

（1）不考虑相关失效时，则

$$R_S = P_5 \left(P_1 + P_2 - P_1 P_2 \right) \left(P_3 + P_4 - P_3 P_4 \right) + \left(1 - P_5 \right) \left(P_1 P_3 + P_2 P_4 - P_1 P_2 P_3 P_4 \right)$$

$$= P_1 P_3 + P_2 P_4 + P_1 P_4 P_5 - P_1 P_2 P_3 P_5 - P_1 P_2 P_3 P_4 - P_1 P_2 P_4 P_5 - P_1 P_3 P_4 P_5 - P_2 P_3 P_4 P_5 + 2 P_1 P_2 P_3 P_4 P_5$$

$$(5.37)$$

当 $P_1 = P_2 = P_3 = P_4 = P_5 = P$ 时，则

$$R_S = 2P^2 + 2P^3 - 5P^4 + 2P^5 \qquad (5.38)$$

用传统的方法计算出系统的最小割集为 $\{1，2\}$，$\{3，4\}$，$\{1，5，4\}$，$\{2，5，3\}$，建立的贝叶斯网络模型如图 5.16 所示。图中只给出了系统结点 X 的 CPT。

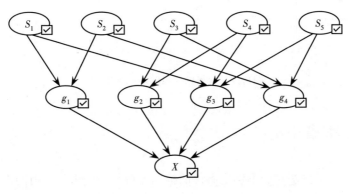

A_1	A_2	A_3	A_4	$P(X = 1 \mid A_1, A_2, A_3, A_4)$
1	1	1	1	1
1	1	1	0	1
1	1	0	1	1
1	0	1	1	1
0	1	1	1	1
⋮	⋮	⋮	⋮	⋮
0	0	0	0	0

图 5.16　独立假设时网络结构贝叶斯网络模型

例如，当 $P_1 = P_2 = P_3 = P_4 = P_5 = P = 0.9$ 时，$R_s = 0.97848$。

（2）考虑相关失效时，建立的贝叶斯网络模型如图 5.17 所示。图中结点 B_1，B_2 为考虑了二阶失效因子 C 时元件 1，元件 2 的新的状态结点，A_1，A_2，A_3，A_4 为最小割集结点。当 P 和相关失效组可靠度 P_C 已知时，就可以求出网络系统在一定时间内正常工作的可靠度。

例如，当 $P_1 = P_2 = P_3 = P_4 = P_5 = P = 0.9$，$P_C = 0.98$ 时，$R_C = 0.95891$。

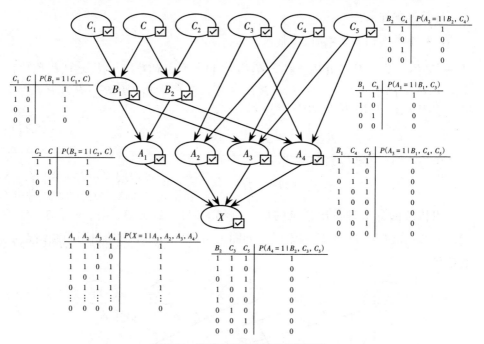

图 5.17　网络结构贝叶斯网络模型

5.5　本章小结

贝叶斯网络方法对于不确定事件的推理分析是一个十分有力的工具，本书建立了相关失效系统的贝叶斯网络可靠性模型，并应用该模型对考虑相关失效的典型并联系统、串联系统、k/n（G）系统，以及网络系统进行了可靠性评估，同时用 Monte-Carlo 仿真方法进行对比验证。结果表明，该模型计算结果正确，同时该模型直观合理、运算简便，计算过程适用于进行计算机编程，具有较大的应用空间。

第6章 动态贝叶斯网络

6.1 引言

BN是为了处理不确定性问题而发展起来的，是概率论与图论相结合的产物。在一个贝叶斯网络中，一方面可以从概率论的角度谈论变量之间的依赖与独立，另一方面可以从图论的角度谈论节点之间的连通与分隔。BN模型具有很好的灵活性，能自然地将专家知识和统计数据融入模型中，将人类的先验知识和数据无缝结合，处理各种不确定性信息。目前，BN已成为不确定性知识和概率推理领域中最有效的理论模型之一。

对于随时间变化的动态系统，静态系统中的许多方法在动态系统中不能直接应用。为了对这类动态随机过程进行表达和推理，学者着手研究DBN。DBN是将静态BN扩展到时间维度上，既继承了静态BN的优点，又考虑了时间因素对模型的影响，将不同时间片（time slice）之间的时序因果关系和时间片内的因果关系融为一体，使其具有更强的表达能力，更好地体现事物的客观发展，在描述非线性、时序性、演化性，以及不确定性方面具有显著特点。

6.2 DBN理论基础

6.2.1 传统DBN基础

DBN是对BN在时序过程建模方面的扩展，即在网络结构上加上时间属性的约束。可以将状态随时间的变化过程视为一系列快照，其中每一个快照都描述了环境在某个时刻的状态，每个快照被称为一个时间片，每个时间片可看作一个静态BN。

一个DBN可以定义为 $(B_0, B_\to)$，其中 B_0 是标准的贝叶斯网络，定义了初始时刻的概率分布 $P(X_0)$，$B_\to$ 是一个包含了两个时间片的贝叶斯网络，定义

了两个相邻时间片的各变量之间的条件分布，表达式为[37]

$$P(X_t|X_{t-1}) = \prod_{i=1}^{n} P(X_t^i|Pa(X_t^i)) \tag{6.1}$$

式（6.1）中X_t^i为第t个时间片上的第i个节点；节点X_t^i的父节点$Pa(X_t^i)$可以和X_t^i在同一时间片内，也可以在前一时间片内。位于同一时间片内的边可以理解为瞬时作用，跨越时间片的边可以理解为时变作用。图6.1为DBN结构图。

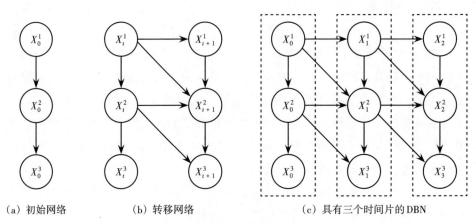

（a）初始网络　　　　（b）转移网络　　　　　（c）具有三个时间片的DBN

图6.1　动态贝叶斯网络表示图

由于动态贝叶斯网络可按照图6.1（c）表示，故在此不再赘述，下面用程序来表示在两个时间片间的动态贝叶斯网络。

```
A=1;
B=2;
ss=2;
intra=zeros(ss,ss);
intra(A,B)=1;
inter=zeros(ss,ss);
inter(A,A)=1;
ns=2*ones(1,ss);
bnet = mk_dbn(intra, inter, ns, 'observed', B);
eclass=bnet.equiv_class;
bnet.CPT{1}=tabular_CPT(bnet,1,[0.15 0.85]);
bnet.CPT{2}=tabular_CPT(bnet,2,[0.3 0.1 0.7 0.9]);
```

bnet.CPT{3}=tabular_CPT(bnet,3,[0.28 0.64 0.72 0.36]);

bnet.CPT{4}=tabular_CPT(bnet,4,[0.3 0.8 0.7 0.2]);

传统DBN包含两个假设[42]:

(1)一阶马尔科夫假设,即各节点之间的边或位于同一时间片内,或位于相邻时间片之间。也就是说未来时刻的概率只与当前时刻有关而与过去时刻无关,即满足

$$P\left(X_{t+1}|X_1,\ X_2,\ \cdots,\ X_t\right) = P\left(X_{t+1}|X_t\right) \tag{6.2}$$

(2)假设相邻时间片的条件概率过程是平稳的,反映的是稳态过程,即 $P\left(X_{t+1}|X_t\right)$ 与时刻 t 无关,只要知道其中一个转移概率,便能得到其他时刻的转移概率 $P\left(X_{t+1}|X_t\right)$。若给定一个DBN,则在 X_0, X_1, X_2, $\cdots$, X_T 上的联合概率分布可以简化为

$$P\left(X_0,\ X_1,\ X_2,\ \cdots,\ X_T\right) = \prod_{t=1}^{T}\prod_{i=1}^{N} P\left(X_t^i|Pa\left(X_t^i\right)\right) \tag{6.3}$$

由上述传统DBN定义可知,传统DBN的动态并不是指网络结构和参数随着时间的推移而发生变化,而是样本数据随着时间的推移而变化。完全确定一个传统DBN需要两个概率分布:初始时刻的概率分布 $P\left(X_0\right)$ 和相邻两个时间片间的状态转移概率 $P\left(X_t|X_{t-1}\right)$。

6.2.2 变结构DBN基础

变结构DBN是对传统DBN的进一步扩展,与传统DBN的区别在于变结构DBN反映的是非稳态过程。它具有以下性质[42]:

(1)非平稳性,即随着时间的变化, B^t 的网络结构或参数可能发生改变。

(2)一阶马尔科夫性,即各节点之间的边,或位于同一时间片,或位于相邻时间片,但不能跨越时间片。

由变结构DBN的性质可知,变结构DBN与传统DBN相比,存在以下差异:

(1)结构相似,单变量的状态数发生了变化,或者参数大小发生了变化。

(2)各个时间片内的网络结构发生了变化,即节点个数发生变化或变量之间的依赖关系发生了变化。

(3)相邻时间片之间变量的依赖关系发生了变化。

（4）前三种情况的某几种组合。

因此，要完全表示一个时间片的变结构DBN，需要以下数据结构：

（1）表示各个时间片的DBN的T个有向无环图G_1，G_2，…，G_T和各个时间片的BN的条件概率表$IntraCPT_1$，$IntraCPT_2$，…，$IntraCPT_T$。

（2）表示下一个时间片的BN与上一个时间片的BN之间的依赖关系的$T-1$个概率表$InterCPT_1$，$InterCPT_2$，…，$InterCPT_T$。

本书是基于DBN的汽车发动机系统可靠性评估，传统DBN反映的是稳态过程，状态转移概率与时刻t无关。然而，汽车发动机零件一般满足威布尔分布，即随着时间的变化，零件的失效率不是一个定值，而是随时间变化的，因此本书使用变结构DBN对汽车发动机系统进行可靠度评估，在此仅考虑各个时间片间节点的状态转移概率发生了变化，而各个时间片的网络结构不发生变化。

6.2.3 DBN推理

在一个DBN的结构和参数都已知的情况下，获取证据后就能对网络进行信度更新，DBN推理内容主要有以下五种[43]：

（1）滤波：现在为止，在所有给定的证据条件下，计算当前状态的后验概率分布$P(X_{t+k}|y_{1:t})$，即已知Y_t值，不间断地估计出X_t。

（2）预测：现在为止，在所有给定的证据条件下，计算未来某一时刻某个节点状态的后验概率分布$P(X_{t+k}|y_{1:t})$，其中$k>0$。对于评价可能的行动过程，预测是很有用的。

（3）平滑：现在为止，在所有给定的证据条件下，计算过去某一时刻某个节点状态的后验概率分布$P(X_k|y_{1:t})$，其中$0 \le k < t$。日常生活中，较多地用到平滑算法，例如语音识别和视频跟踪等，因为结合了更多的证据，平滑能为该状态提供一个比当时得到的结果更好的预期。

（4）Viterbi解码：给定一系列观测数据，希望能找到最可能生成这些观测结果的状态序列，即估计出匹配于可观察量的最合理隐含变量序列$x_{1:t}$，$x_{1:t}^* = \arg\max\limits_{x_{1:t}} P(x_{1:t}|y_{1:t})$。这个算法在许多应用中可以使用，如语音识别中，其目标就是在给定的声音序列下找到最可能的单词序列。

（5）分类：依据观测数据$y_{1:t}$，在所有可能的模式中判别出与观测数据最匹配的模式C，即计算$C^*(y_{1:T}) = \arg\max\limits_{C} P(y_{1:t}|C)P(C)$，其中$P(C)$是模式$C$

的先验概率，$P\left(y_{1:t}|C\right)$表示观测数据与模式 C 的匹配程度。这个算法在处理变长度的序列分类问题时非常有用。

将BN推理算法在DBN中扩展，目前DBN精确推理算法主要有前向和后向算法、分解树算法、边界算法、接口算法及卡尔曼滤波等。DBN精确推理算法是一个NP难题，故在网格节点数多、结构复杂的情况下需要找到更为实用的算法。

实用性算法分为确定算法和随机算法两类，确定性算法有BK算法、FF算法、ADF算法等，这些算法的优点是计算速度快、易于编程实现，缺点是与之相对应的DBN拓扑结构是有限的。随机算法有重要样本、MCMC算法和PF算法，重要样本和MCMC算法用于离线处理，PF算法用于在线处理。这些算法的优点是易于编程实现，也几乎可以工作于所有DBN的拓扑结构；缺点是当样本数量很大时，算法速度相对精确性算法较慢。

进行DBN推理主要是为了解决当DBN结构给定时的概率计算问题。在DBN中，计算边缘概率 $P\left(X_t^i|y_{1:\tau}\right)$ 是进行DBN推理的目的，根据 τ 的不同，分为以下三种情况：

（1）$\tau = t$：过滤；

（2）$\tau > t$：平滑；

（3）$\tau < t$：预测。

在正确建立图形模型的基础上，分析图中各个变量，对感兴趣的变量或事件结果进行推理，这是DBN分析和解决问题的关键。在状态空间的模型中，已知 Y_t，便可算出 X_t，推理的目的就是通过观察量 $y_{1:t}$，即通过证据求得所需的概率。

6.2.3.1 贝叶斯推理的内容

（1）滤波：计算 $P\left(X_t|y_{1:t}\right)$，需要在整个环节中追踪随机变量，已知 Y_t 的值，不断地估计出 X_t，依据贝叶斯规则，有

$$P\left(X_t|y_{1:t}\right) \propto P\left(y_t|X_t,\ y_{1:(t-1)}\right)P\left(X_t|y_{1:(t-1)}\right)P\left(y_t|X_t\right) \qquad (6.4)$$

（2）预测：计算 $P\left(X_{t+h}|y_{1:t}\right)$，已知 $y_{1:t}$ 的观察值，估算出在 $t+h$ 时刻的值，即

$$P\left(Y_{t+h}=h|y_{1:t}\right)=\sum_x P\left(Y_{t+h}=y|X_{t+h}=x\right)P\left(X_{t+h}=x|y_{1:t}\right) \qquad (6.5)$$

（3）滞后点光滑：计算$P\left(X_{t-l}\middle|y_{1:t}\right)$，根据观察量$y_{1:t}$提供的证据，可推断出滞后当前时刻$l$时刻隐含变量$X_{t-l}$的值。

（4）固定间隔光滑（脱机）：计算$P\left(X_t\middle|y_{1:t}\right)$，利用整个时间段上的观察量$y_{1:t}$，判断在$t$时刻隐含变量$X_t$的状态。

（5）Viterbi解码：计算$x_{1:t}^* = \arg\max\limits_{x(1:t)} P\left(x_{1:t}\middle|y_{1:t}\right)$，已知观测数据，会有多种解释，而解码则是计算其最大可能解释，即估算出对应观察量的最合理的隐含变量序列$x_{1:t}$。根据优化原则，在充分考虑前向和后向隐含状态的取值后准确估计出x_t所处的状态。由此可见，Viterbi解码算法包含前向和后向两个推理过程，在前向推理运算的过程中，实际上计算的是

$$\delta_t(j) = P\left(y_t\middle|X_t = j\right) = \max_i\left\{P\left(X_t = j\middle|X_{t-1} = i\right) \times \delta_{t-1}(i)\right\} \tag{6.6}$$

其中

$$\delta_t(j) \xrightarrow{\text{def}} \max P\left(X_{1:t} = x_{1:(t-1)}, X_t = i\middle|y_{1:t}\right) \tag{6.7}$$

在后向推理运算中，计算

$$x_t^* = \psi_{t+1}\left(x_{t+1}^*\right) \tag{6.8}$$

其中

$$\psi_t(j) = \arg\max_i P\left(X_t = j\middle|X_{t-1} = i\right)\delta_{t-1}(i) \tag{6.9}$$

（6）分类：假设有M种可能的模式，根据观测数据可判断出哪种模式最适合观测数据，实际上计算的是$P\left(y_{1:t}\middle|M\right)$。那么首先需要对观测序列出现的概率进行如下处理：

$$P\left(y_{1:t}\right) = P\left(y_1\right)P\left(y_2\middle|y_1\right)P\left(y_3\middle|y_{1:2}\right)\cdots P\left(y_T\middle|y_{1:T}\right) = \prod_{t=1}^{T} c_t \tag{6.10}$$

接着，应用如下方式进行序列分类：

$$C^*\left(y_{1:T}\right) = \arg\max_{x_c}\left\{P\left(y_{1:T}\middle|C\right)P(C)\right\} \tag{6.11}$$

其中，$P\left(y_{1:t}\middle|C\right)$表示观测数据$y_{1:t}$与模式$C$相匹配的程度，$P(C)$是模式$C$的先验概率，这种方法在处理变长度的序列分类问题时非常有用。

由此，可将DBN的推理应用总结，如图6.2所示。

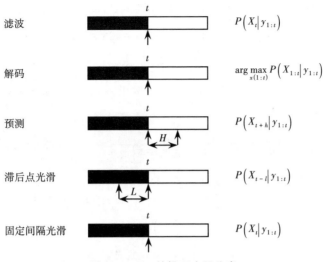

图6.2　DBN的推理应用分类

6.2.3.2　动态贝叶斯网络的推理算法

动态贝叶斯网络现在采用的推理算法大部分是将HMM和KFM这两类成熟的推理算法扩展，以BN的基本推理算法作为理论基础，从而得到能广泛应用的DBN推理算法。精确的DBN推理算法主要有分解树算法、接触面算法、边沿算法、前向和后向光滑算法、卡尔曼滤波及光滑等。但值得一提的是，精确的DBN推理算法仍然是一个NP难题，在实际应用中需要选择实用的算法。实用算法包括确定性算法与随机算法两大类，确定性算法包括FF算法、BK算法、ADF算法等。这些算法的计算速度虽然快，且容易利用编程来实现，但是与之对应的DBN拓扑结构却是有限的。随机算法用于离线处理则采用重要样本算法和MCMC算法。PF算法用于在线处理。这些算法都利用编程实现，几乎可以为所有的DBN拓扑结构服务，即使在样本数量很大的情况下，也能找到全局的最优解，但相对确定性的算法，速度显得较慢。

以最简单的例子说明DBN的推导：有X和Y两个节点，它们的关系为$X \to Y$，且都有两个状态，X的状态分别为a和b，Y的状态为s和r。考虑从时刻1到时刻2。假设在时刻1，X为状态a和b的概率均为0.5。X在时间片的传递关系为

$$
\begin{aligned}
p(x_2 = a | x_1 = a) = 0.9, \quad p(x_2 = a | x_1 = b) = 0.1 \\
p(x_2 = b | x_1 = a) = 0.1, \quad p(x_2 = b | x_1 = b) = 0.9
\end{aligned}
\tag{6.12}
$$

X和Y之间的传递关系为

$$p\left(y=s\,|\,x=a\right)=0.7,\ p\left(y=s\,|\,x=b\right)=0.2$$
$$p\left(y=r\,|\,x=a\right)=0.3,\ p\left(y=r\,|\,x=b\right)=0.8$$

$$(6.13)$$

假设观测到Y在时刻1和时刻2所处的状态均为s，要求计算在这种情况下X在时刻1和时刻2的后验概率值。通过求$p\left(x_1=a,\ x_2=a\,|\,y_1=s,\ y_2=s\right)$说明推导过程：

$$
\begin{aligned}
& p\left(x_1=a,\ x_2=a\,|\,y_1=s,\ y_2=s\right)\\
&= p\left(x_1=a,\ x_2=a,\ y_1=s,\ y_2=s\right)/p\left(y_1=s,\ y_2=s\right)\\
&= p\left(x_1=a,\ y_1=s\right)\times p\left(x_2=a,\ y_2=s\right)/p\left(y_1=s,\ y_2=s\right)\\
&= p\left(x_1=a\right)\times p\left(y_1=s\,|\,x_1=a\right)\times p\left(x_2=a\right)\times\\
& \quad p\left(y_2=s\,|\,x_2=a\right)/\sum p\left(x_1,\ x_2,\ y_1=s,\ y_2=s\right)
\end{aligned}
$$

$$(6.14)$$

将数据代入式（6.14），得到

$$p\left(x_1=a,\ x_2=a\,|\,y_1=s,\ y_2=s\right)=0.87327$$

$$(6.15)$$

进而可得到

$$p\left(x_1=a\,|\,y_1=s,\ y_2=s\right)=0.90099$$

$$(6.16)$$

6.3 DBN在可靠性评估和故障诊断应用中的优缺点

DBN在可靠性评估和故障诊断应用中的优势如下。

（1）DBN模型是有向无环图和概率理论的结合，以贝叶斯概率理论为基础，具有很强的理论依据，是处理不确定性问题强有力的工具。同时具有更直观的知识表示方式，DBN模型结构能很好地表达故障间的层次关联。

（2）DBN模型能够处理多状态单元或系统的可靠性研究。例如，汽车发动机中空气滤清器有三种状态：空气滤清器无堵塞、轻微堵塞和严重堵塞。基于DBN建立的模型与实际情况更为相符。

（3）DBN能够对时变随机过程进行表达和推理。现有可靠性分析方法大多只能应用于静态系统，而DBN可以将不同时间片之间的时序关系和时间片内的因果关系融为一体，使其具有更强的表达能力，更好地体现事物的客观发展。

（4）DBN能根据给定证据计算节点的后验概率，不断更新网络。模型可以监控系统中的任何不确定变量，不仅可以求出系统正常工作的可靠度，还可以方便地进行故障诊断，识别系统的薄弱环节。目前，有辅助DBN表达、学习和推理的软件，从而提高其用于可靠性评估和故障诊断的效率。

DBN在可靠性评估和故障诊断应用中的劣势如下。

（1）网络参数难以确定，即节点的先验概率、条件概率和时间片间的状态转移概率难以精确得到。

（2）对于复杂系统，模型中节点过多，节点间关系复杂，模型结构建立困难。

（3）DBN推理是NP困难，需要更有效的推理方法。

6.4 DBN建模

BN工具箱FullBNT是Kevin Murphy基于MATLAB语言开发的软件包，提供了许多BN学习的底层基础函数库，支持离散BN、连续BN和混合BN的精确推理和近似推理、参数学习和结构学习，还可以进行DBN的推理和学习。本书的DBN的建模和推理均使用MATLAB中的FullBNT工具箱。

BN建模的一般步骤：首先确定模型变量，即确定节点；其次根据变量间的因果关系确定网络结构；然后为BN参数赋值，确定根节点的先验概率和其他节点的条件概率；最后通过融合新的证据与专家信息，改进网络结构，并做最后的统计推断。建模过程中需要在两方面进行折中，一方面为了得到足够的精度，需要建立一个节点众多的网络模型；另一方面要考虑网络推理的复杂性。

6.4.1 静态BN结构

汽车发动机有以下几种常见故障模式：发动机起动困难、发动机怠速不良、发动机动力不足、发动机油耗过大、发动机个别气缸不工作、发动机中途熄火、发动机过热、发动机排烟异常、发动机异响等。BN模型结构是建立在FMEA表的基础上的，充分利用FMEA中的层次结构，更好地表示了故障原因、故障模式及故障影响的关系。然后将构造的BN模型与时间信息结合，建立DBN模型，并进行可靠性分析和故障诊断。能够处理多状态单元或系统是BN模型的优势之一，如空气滤清器堵塞，可以认为是无堵塞、轻微堵塞和严重堵塞三种状态，这在模型中有所体现。下面依次介绍各个故障模式的静态BN结构。

（1）发动机起动困难（见图6.3）。

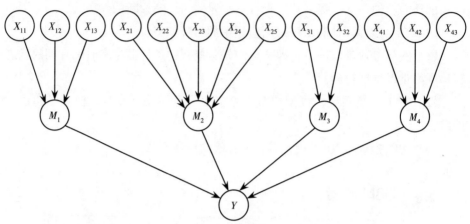

　　Y—发动机起动困难；M_1—供油系统故障；M_2—进气系统故障；M_3—点火系统故障；M_4—控制系统故障；X_{11}—喷油器工作不良；X_{12}—燃油压力调节器故障；X_{13}—油管堵塞；X_{21}—进气管漏气；X_{22}—空气滤清器堵塞；X_{23}—气缸垫漏气；X_{24}—活塞环漏气；X_{25}—气门漏气；X_{31}—点火线圈工作不良；X_{32}—火花塞工作不良；X_{41}—空气流量计工作不良；X_{42}—冷却液温度传感器工作不良；X_{43}—曲轴位置传感器工作不良

图6.3　发动机起动困难

（2）发动机怠速不良（见图6.4）。

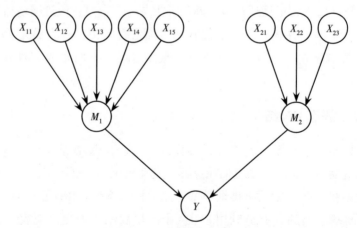

　　Y—发动机怠速不良；M_1—怠速不稳；M_2—怠速过高或偏低；X_{11}—怠速空气量孔堵塞；X_{12}—真空气道漏气；X_{13}—点火正时失准；X_{14}—个别气缸火花塞火花过弱；X_{15}—怠速电磁阀工作不良；X_{21}—节气门体卡滞；X_{22}—冷却液温度传感器故障；X_{23}—怠速控制阀卡死

图6.4　发动机怠速不良

（3）发动机动力不足（见图6.5）。

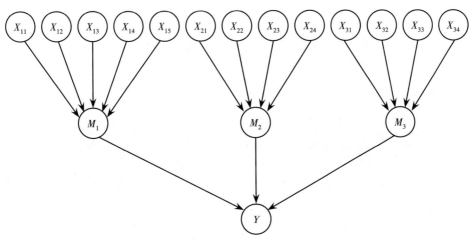

Y—发动机动力不足；M_1—发动机进气不畅；M_2—缺缸；M_3—点火时间不当；X_{11}—空气滤清器堵塞；X_{12}—进气歧管漏气；X_{13}—配气相位失准；X_{14}—排气管堵塞；X_{15}—喷油器堵塞；X_{21}—高压分线脱落；X_{22}—火花塞工作不良；X_{23}—高压线漏电；X_{24}—分电器盖漏电；X_{31}—点火时间调整不当；X_{32}—分电器触电间隙小；X_{33}—分电器壳松动；X_{34}—冷却系统故障

图6.5 发动机动力不足

（4）发动机油耗过大（见图6.6）。

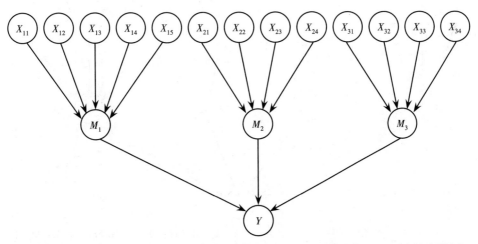

Y—发动机油耗过大；M_1—一般原因；M_2—燃烧室窜油；M_3—传感器故障；X_{11}—空气滤清器堵塞；X_{12}—喷油器损坏；X_{13}—点火正时失准；X_{14}—气缸压力过低；X_{15}—配气相位不准；X_{21}—气缸磨损；X_{22}—活塞环磨损；X_{23}—气门杆、气门导杆磨损；X_{24}—发动机超负荷运转；X_{31}—冷却液温度传感器故障；X_{32}—氧传感器故障；X_{33}—节气门位置传感器故障；X_{34}—进气温度传感器故障

图6.6 发动机油耗过大

（5）发动机个别气缸不工作（见图6.7）。

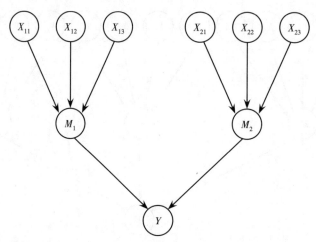

Y—发动机个别气缸不工作；M_1—高速时有断火现象；M_2—低速时有断火现象；X_{11}—高压电路局部损坏；X_{12}—配气机构损坏；X_{13}—火花塞间隙过大；X_{21}—火花塞间隙过小；X_{22}—分电器故障；X_{23}—电容器不良

图6.7　发动机个别气缸不工作

（6）发动机中途熄火（见图6.8）。

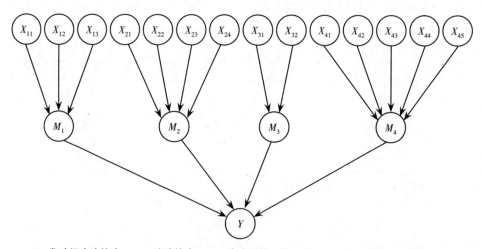

Y—发动机中途熄火；M_1—油路堵塞；M_2—点火系统工作不良；M_3—空气供给装置故障；M_4—传感器故障；X_{11}—燃油泵故障；X_{12}—喷油嘴堵塞；X_{13}—燃油滤清器堵塞；X_{21}—火花塞故障；X_{22}—点火线圈接触不良；X_{23}—点火正时失准；X_{24}—点火时间调整不当；X_{31}—节气门堵塞；X_{32}—进气歧管漏气；X_{41}—空气流量传感器故障；X_{42}—节气门位置传感器故障；X_{43}—氧传感器故障；X_{44}—进气压力传感器故障；X_{45}—曲轴位置传感器故障

图6.8　发动机中途熄火

（7）发动机过热（见图6.9）。

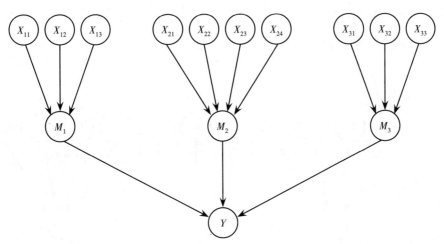

Y—发动机过热；M_1—冷却液消耗过大；M_2—冷却液温度过高；M_3—发动机突然过热；X_{11}—散热器漏水；X_{12}—水泵密封不严；X_{13}—冷却水管破裂；X_{21}—风扇皮带松弛打滑；X_{22}—冷却液不足；X_{23}—冷却系统有水垢；X_{24}—风扇叶片变形；X_{31}—风扇皮带断裂；X_{32}—水泵损坏；X_{33}—节温器卡滞

图6.9 发动机过热

（8）发动机排烟异常（见图6.10）。

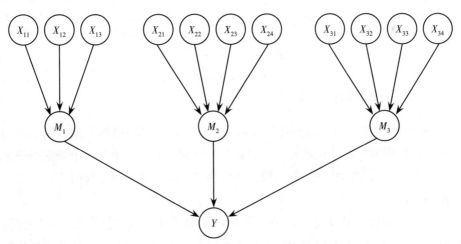

Y—发动机排烟异常；M_1—冒白烟；M_2—冒蓝烟；M_3—冒黑烟；X_{11}—发动机负荷过大；X_{12}—汽油中有水；X_{13}—气缸内压力不足；X_{21}—缸套、活塞组件严重磨损；X_{22}—活塞环积碳严重；X_{23}—气门和导管之间间隙大；X_{24}—机油过量；X_{31}—空气滤清器堵塞；X_{32}—排气管堵塞；X_{33}—喷油器工作不良；X_{34}—气门间隙调整不当

图6.10 发动机排烟异常

（9）发动机异响（见图6.11）。

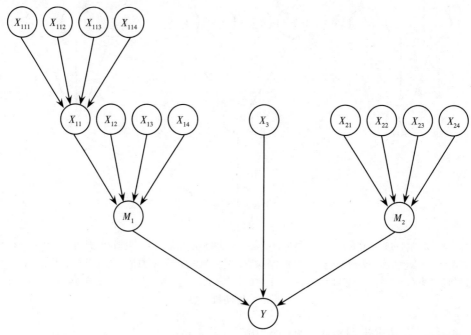

Y—发动机异响；M_1—曲柄连杆机构异响；M_2—配气机构异响；X_3—气缸套异响；X_{11}—活塞响；X_{12}—连杆轴瓦响；X_{13}—曲轴轴瓦响；X_{14}—连杆响；X_{21}—气门响；X_{22}—气门挺柱响；X_{23}—气门座圈响；X_{24}—正时齿轮响；X_{111}—活塞敲缸响；X_{112}—活塞销响；X_{113}—活塞环漏气；X_{114}—活塞顶缸盖响

图6.11 发动机异响

6.4.2 DBN结构

DBN是对BN在时序过程建模方面的扩展，即在网络结构上加时间属性的约束。状态随时间的变化过程可以被视为一系列快照，其中每一个快照都描述了环境在某个时刻的状态，每个快照被称为一个时间片，每个时间片可看作一个静态BN。

汽车发动机九种常见故障模式的DBN模型是建立在其静态BN基础上的，与时间信息结合，考虑模型中所有根节点在两个相邻时间片之间的状态转移概率。下面详细介绍发动机起动困难的DBN结构，如图6.12所示，其DBN结构是在图3.2的基础上建立的。其他故障模式的网络结构建立方法与之类似。

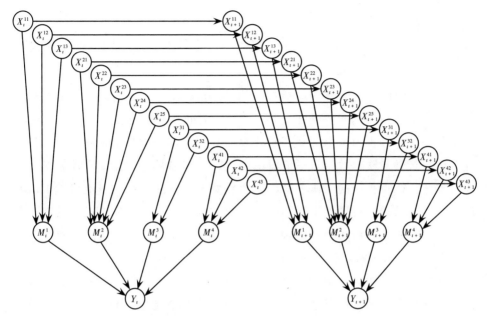

图6.12 发动机起动困难的DBN结构

6.4.3 DBN参数

传统DBN反映的是稳态过程,状态转移概率与时刻t无关。然而,汽车发动机零件寿命一般服从威布尔分布,即随着时间的变化,零件的失效率不是一个定值,而是随时间变化的,因此本书使用变结构DBN对汽车发动机系统进行可靠度评估,在此仅考虑各个时间片间节点的状态转移概率发生变化,而各个时间片网络的结构不发生变化的情况。此外,本书针对汽车发动机系统建模是在完备数据集下的建模,即DBN节点需要的所有概率值均提前给定。在DBN模型中,节点可以为离散节点或连续节点,本书只讨论节点值域是有限个离散值集合的情况,即网络中所有节点均为离散节点。

DBN模型中参数确定主要来自:领域专家,根据多年知识积累确定节点的相关概率;文献查找,查找前人关于汽车发动机研究的相关数据;实践中汽车发动机厂的故障数据统计;依靠经验给定,如对某些节点参数进行估计时,只能给出大概范围,这时就需要将给出的范围变成最接近实际的数据。例如术语肯定、很有可能、可能、可能性不大、可能性非常小、不会发生,对应的概率可依次定为1,0.8,0.5,0.35,0.1,0。

DBN模型中的所有节点,都应该被给予相应的条件概率。完全确定一个

变结构DBN需要初始时刻的概率分布$P(X_0)$和两个相邻时间片间的状态转移概率$P(X_t|X_{t-1})$。由于时刻t不同，状态转移概率$P(X_t|X_{t-1})$也不同，需要确定各个时刻的状态转移概率。

汽车发动机起动困难DBN模型结构如图6.12所示。下面说明汽车发动机起动困难DBN模型的参数确定。此模型单个时间片节点数目为18个，其中根节点有13个，分别为X_{11}喷油器工作不良、X_{12}燃油压力调节器故障、X_{13}油管堵塞、X_{21}进气管漏气、X_{22}空气滤清器堵塞、X_{23}气缸垫漏气、X_{24}活塞环漏气、X_{25}气门漏气、X_{31}点火线圈工作不良、X_{32}火花塞工作不良、X_{41}空气流量计工作不良、X_{42}冷却液温度传感器工作不良和X_{43}曲轴位置传感器工作不良。其中，油管堵塞和空气滤清器堵塞是三状态节点，分别为无堵塞、轻微堵塞和严重堵塞，其余节点为两状态节点，即正常或故障。

首先，确定DBN模型中初始网络根节点的先验概率，此概率一般由领域专家根据现有数据或已有经验给出，用户使用DBN方法评估系统可靠性时，可根据失效数据自行设置参数。发动机起动困难初始网络根节点的先验概率如表6.1所示。

表6.1　根节点的先验概率

节点	正常	轻微	故障	节点	正常	轻微	故障
X_{11}	0.9990	—	0.0010	X_{25}	0.9994	—	0.0006
X_{12}	0.9996	—	0.0004	X_{31}	0.9998	—	0.0002
X_{13}	0.9994	0.0004	0.0002	X_{32}	0.9990	—	0.0010
X_{21}	0.9992	—	0.0008	X_{41}	0.9992	—	0.0008
X_{22}	0.9980	0.0015	0.0005	X_{42}	0.9990	—	0.0010
X_{23}	0.9990	—	0.0010	X_{43}	0.9996	—	0.0004
X_{24}	0.9985	—	0.0015				

其次，确定单个时间片中非根节点的条件概率，即确定概率$P(X_i|Pa(X_i))$，本书采用的是串联系统，对于三状态节点，如油管堵塞，当油管严重堵塞时，供油系统故障，发动机起动困难；当油管轻微堵塞时，是以某个概率导致供油系统故障。对于两状态节点，当模型中节点发生故障时，发动机起动困难，条件概率非0即1。

最后，确定根节点在两个相邻时间片的状态转移概率 $P(X_t|X_{t-1})$。5年内，每隔半年对发动机能否正常起动进行可靠性评估。假设家用轿车一天使用2 h，半年使用365 h，机械零部件寿命评估采用二参数威布尔分布，确定威布尔分布的形状参数和尺度参数，即可确定状态转移概率。由于没有实际失效数据和试验数据，威布尔分布参数根据文献给出或依据经验而定。由于模型根节点较多，仅以节点喷油器 X_{11} 为例。

二参数威布尔分布的失效分布函数为

$$F(t) = 1 - \exp\left[-(t/\eta)^{\beta}\right] \tag{6.17}$$

$\beta, \eta > 0$。β 和 η 分别为形状参数和尺度参数。密度函数和失效率函数分别为

$$f(t) = (\beta/\eta)(t/\eta)^{\beta-1}\exp\left[-(t/\eta)^{\beta}\right] \tag{6.18}$$

$$r(t) = (\beta/\eta)(t/\eta)^{\beta-1} \tag{6.19}$$

喷油器寿命 X 的威布尔分布的形状参数 β 取1.8，尺度参数 η 取 30×10^3，喷油器失效分布函数为

$$F(t) = 1 - \exp\left[-(t/500000)^{1.5}\right] \tag{6.20}$$

取 $\Delta t = 365$ h，状态转移概率可表示为

$$P(X \leqslant t + \Delta t | X > t) = \frac{P(t < X \leqslant t + \Delta t)}{P(X > t)} = \frac{F(t + \Delta t) - F(t)}{1 - F(t)} \tag{6.21}$$

由以上公式求得状态转移概率值如表6.2所示。

表6.2 根节点状态转移概率

t/h	$P(X \leqslant t + 365 | X > t)$	t/h	$P(X \leqslant t + 365 | X > t)$
0	0.000357	1825	0.002513
365	0.000887	2190	0.002872
730	0.001337	2555	0.003220
1095	0.001750	2920	0.003559
1460	0.002140	3285	0.003889

6.5　本章小结

本章详细介绍了DBN基本原理，以及传统DBN和变结构DBN的区别，说明本书是基于变结构DBN对汽车发动机系统进行可靠性评估。总结了DBN在机械系统可靠性评估和故障诊断应用中的优缺点。建立了汽车发动机常见故障模式的DBN模型，确定模型的结构和参数。

第7章　航空发动机系统可靠性评估

7.1　引言

DBN模型确定后，就可以使用FullBNT工具箱进行可靠性分析和故障诊断。本章使用离散DBN进行推理，即假设所有节点都是离散变量。发动机起动有两种状态，即起动正常和起动困难。假设初始时刻发动机起动正常，未来五年内，每隔半年对发动机能否正常起动进行评估，得出其两种状态相对应的概率值；分析已知发动机起动困难、模型中节点的后验概率，即进行故障诊断。在此对汽车发动机起动困难故障模式进行详细分析研究。

7.2　失效模式与影响分析

FMEA是一种通过对系统组成单元的各种潜在失效模式及其对系统功能的影响和严酷度进行分析，提出可能采取的预防改进措施，以提高产品可靠性的分析方法。FMEA的基本出发点，不是在故障发生后再去分析评价，而是分析现有设计方案，判断可能会发生怎样的故障，属于产品故障的事前预防技术手段。

FMEA作为可靠性分析方法起源于美国，20世纪50年代，美国格鲁门飞机公司在研制飞机主操作系统时就应用了FMEA方法，取得了良好的效果。FMEA是产品可靠性分析的一项重要工作内容，同时是开展维修性分析、安全性分析、测试性分析和保障性分析的基础[41]。

进行产品FMEA的基本步骤如图7.1所示。具体步骤及目的如下：

（1）系统定义及其功能。系统定义的目的是使分析人员有针对性地对被分析产品在给定任务功能下进行潜在的故障模式、原因及影响分析。系统定义可概括为产品功能分析和绘制框图两部分。框图主要包括功能框图和可靠性框图，建立系统的框图可以更好地了解系统各功能单元的工作情况、相互影响及相互依赖关系，进而逐次分析故障模式产生的影响。

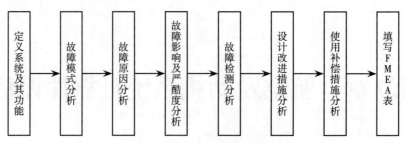

图7.1　FMEA实施步骤

（2）故障模式分析。故障模式是产品的故障表现形式，一般指能被观察到的故障现象。故障模式分析的目的是找到产品所有可能出现的故障模式。列举零部件或子系统的全部故障模式对于FMEA来说是至关重要的，它是进行FMEA的基础，也是进行系统可靠性分析的基础。

（3）故障原因分析。故障模式只说明了故障的表现形式，而没有说明故障发生的原因。在许多情况下，零部件的故障模式相同，但故障原因却不尽相同。故障原因分析的目的是找出每个故障模式发生的原因，进而采取有针对性的有效改进措施，防止或减少故障模式发生的可能性。

（4）故障影响及严酷度分析。故障影响指零部件的故障模式所产生的后果。产生的后果不仅包括对零部件自身或者系统的性能、功用的影响，还包括对维修人员安全、周围环境等产生的影响。分析系统中故障影响时，既要分析该故障模式对其所在层次的其他部分的影响，又要分析该故障模式在更高层次上产生的影响。产品的各种故障模式所产生的影响是不同的，为了划分产生影响的严重程度，通常将影响的严重程度等级称为严酷度类别，一般分为四类，如表7.1所示。

表7.1　严酷度类别

等级	严酷度水平	失效模式对人员或环境的影响
I	灾难性的	可能潜在地导致系统基本功能丧失，致使系统和环境严重毁坏或造成人身伤害
II	严重的	可能潜在地导致系统基本功能丧失，致使系统和环境有相当大的损坏，但不严重威胁生命安全或造成人身伤害
III	临界的	可能潜在地使系统的性能、功能退化，但对系统没有明显的损伤、对人身没有明显的威胁或伤害
IV	轻微的	可能潜在地使系统功能稍微退化，但对系统不会有损伤，不构成人身威胁或伤害

（5）故障检测方法分析。对于每种故障模式，都应找到最佳的检测方法，以便于系统的故障诊断、检测和维修。故障检测方法一般有目视检查、离机检测、原位测试等，更为具体的有机内测试、自动传感装置、传感仪器、音响报警装置、显示报警装置等。

（6）设计改进与使用补偿措施分析。针对各种故障模式、原因和影响，提出可能的预防和改进措施。目的是提高产品可靠性，实现产品可靠性增长。进行故障预防与改进可以从结构改进、材料改进、工艺改进和参数改进等方面进行。

（7）填写FMEA表。根据以上各步骤所得结果填表，形成FMEA报告。典型的FMEA表格形式如表7.2所示。

表7.2　FMEA表

约定层次产品 层次产品			任务 分析人员		审核 批准			第　页　共　页 填表日期			
代码	产品或功能标志	产品功能	故障模式	故障原因	任务阶段与工作方式	故障影响			故障检测方法	补偿措施	严酷度类别	备注
						局部影响	对上一层的影响	最终影响				

7.3　航空发动机的分类

作为热力机械，航空发动机直接为航空器提供飞行所需的推力（或拉力）。在过去的一个航空百年里，航空发动机可分为活塞式和空气喷气式两大类。图7.2为航空发动机的分类。

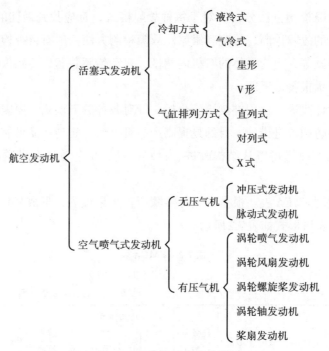

图7.2　航空发动机的分类

　　然而，这样的分类仅代表航空发动机的过去和现在，不能代表航空发动机的未来。由于航空技术在不断地发展和进步，一些概念比较新的航空发动机已经开始崭露头角，比如采用喷气推进技术的脉冲爆震发动机、多核心机发动机及组合发动机，采用螺旋桨推进技术的太阳能发动机、燃料电池发动机和微波电动发动机，以及模仿昆虫扑翼行为的电致伸肌动力发动机。展望未来，当第三个航空百年到来之时，航空发动机的分类一定会得到更好和更细致地扩充。本章只讨论涡轮风扇发动机的结构组成和工作原理。

7.4　涡轮风扇发动机的定义

　　由涡轮流出来的、仍有一定能量的燃气（反映在燃气的温度仍然较高，还有一定的压强），在尾喷管中继续膨胀，将热能与势能转化成动能，以较高的速度（550～600 m/s）由尾喷管喷出产生反作用推力的发动机就是涡轮喷气发动机。如果在该涡轮后面加装一套一级或多级涡轮，让燃气在这里膨胀，迫使涡轮高速旋转，让其产生一定的功率，并让此涡轮的前轴穿过原来的涡轮和压气机的转子轴，使一个直径比压气机大的风扇转动起来，便形成一个涡轮风扇发动机（见图7.3）。

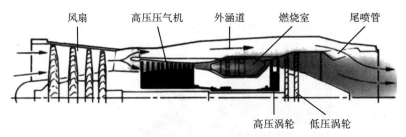

图7.3　涡轮风扇发动机

7.5　涡轮风扇发动机的工作原理及构成

由图7.3可以看出，由高压压气机、燃烧室和高压涡轮组成的核心机组和由低压涡轮及其所带动的风扇共同组成的发动机称为涡轮风扇发动机。在涡轮风扇发动机中，空气首先在风扇中增压，当其流出风扇时分为两股，并且均向后流：其中一股流入核心机和带动风扇转动的低压涡轮，最终流出尾喷管，这股气流由于在机器内部，故被称为内涵气流；另一股流过由核心机的机匣和外涵道的匣间形成的环形通道，这股气流相对于内涵气流处于机器外部，故被称为外涵气流。由于涡轮风扇发动机同时拥有内涵道和外涵道，故它又被称为内外涵发动机。

图7.4是典型的涡轮风扇发动机的风扇、高压压气机结构图。从图中可以看出，风扇实际上就是轴流压气机，只不过它的直径更大，叶片也更长。

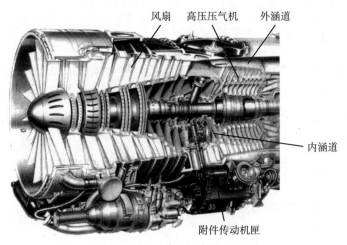

图7.4　风扇、高压压气机结构图

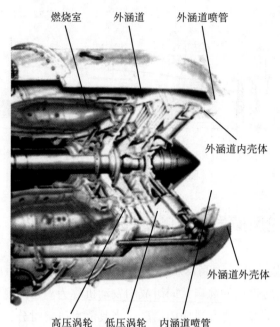

图7.5 涡轮风扇发动机后部结构

涡轮风扇发动机的内、外涵气流可分别排出，也可在排气系统内混合排出。图7.3所示的是在涡轮风扇发动机中，外涵气流依靠掺混器流入内涵道的燃气流中，与内涵气流混合后经尾喷管排出。图7.5所示的是典型的内、外涵气流分别排到涡轮风扇发动机的后部，由涡轮流出的燃气直接从其后的内涵道喷管排出，外涵气流由外涵道内、外壳体间的环形外涵道喷管流出，内外涵气流在发动机内相互不掺混，这种排气方式也叫作平行排气。

7.5.1 进气装置

喷气由飞机上的进口（或发动机短舱口）至发动机进口所经过的一段管道称为发动机的进气道。涡轮风扇发动机进气道的作用是吸入外界的空气，并将吸入的空气供给发动机，使其能在比较高的飞行马赫数下利用气流的速度实现减速增压。

7.5.2 压气机

压气机主要用来增加进入发动机内部的空气压力，为发动机提供压缩空气，同时可以为座舱增压。

7.5.3　燃烧室

为了和加力燃烧室相区别，往往将燃烧室称为主燃烧室。燃烧室主要是将燃油中产生的化学能转化为热能，并且将压气机增压后产生的高压空气加热到涡轮要求的温度，以便使高压空气能顺利进入涡轮和排气装置内膨胀做功的部件。

在涡轮风扇发动机的热力循环中，燃烧室必须完成相关的加热过程。燃烧室的可靠性和有效程度在很大程度上决定着发动机的可靠性、经济性和寿命。燃烧室的技术水平不仅影响着发动机的性能，还影响着其结构方案和结构重量。

7.5.4　涡轮

作为叶轮机械，涡轮主要是将高温高压燃气产生的能量转化为动能和机械能。在涡轮的转弯膨胀中，气流产生的机械功将带动压气机、风扇、螺旋桨、直升机旋翼及附件传动系统等运转。

7.5.5　加力燃烧室

加力燃烧室一般安装在涡轮和尾喷管的中间，以便在最短的时间内进行复燃加力。加力燃烧室的作用是在确保发动机的最大转速和涡轮的燃气温度均不变的前提下，使燃油及时与涡轮后的燃气流汇合，再次燃烧燃气中剩下的氧气（在有双涵道的发动机中，可从外涵道直接吸入新鲜空气），有效增高燃气的温度，加大喷气速度，从而增加推力。当使用加力燃烧室时，为了确保涡轮前各部件的最大工作状态保持不变，必须增加尾喷口的排气面积，从而适应燃气的比体积。因此，凡是带有加力燃烧室的发动机都要有面积可调节的尾喷口（管）配合工作。

7.5.6　排气装置

涡轮风扇发动机的排气装置指的是在涡轮或加力燃烧室后进行排气的构件。排气装置往往包括尾喷管、反推力装置及消音装置。尾喷管的主要作用是使燃气能持续膨胀，并将燃气中剩下的热焓最大可能地转化为动能，以便燃气能高速地从喷口喷出。反推力装置的作用是将在涡轮或加力燃烧室后的燃气、处在涡扇发动机的内涵道或外涵道的气流回转，并从斜前方排出，从而产生反推力。

7.5.7　外涵道

通俗地讲，外涵道就是发动机外壳，用来连接发动机前、后承力机匣，使其形成外涵流道，是安装若干外部非传动附件的传力构件。

7.5.8　传动及润滑系统

传动系统是保证航空发动机正常运行的关键，主要用来传输能量和改变传动方向。

润滑系统一般由油滤、油箱、收油池、进油泵、泡沫消除器与散热器组成。有四个作用：① 对发动机各机件进行润滑和冷却，减少机件的损耗，从而有效防止机件过热，避免机件产生锈蚀；② 对活塞和气缸间隙进行密封，可有效防止气体从燃烧室进入曲轴箱；③ 清洗摩擦表面；④ 作为调节装置的工作液体。

7.5.9　控制及燃油系统

航空发动机控制系统采用液压控制系统，对发动机工作状态的监控可通过观察航空发动机的燃油流量来实现。燃油系统用来供给、调节发动机在各种工作条件和各种工作状态下所需的燃油，以保证发动机安全可靠地工作，并充分发挥其性能。

7.5.10　其他工作系统

在涡轮风扇发动机中，不仅有压气机、燃烧室、燃气涡轮、尾喷管等主要部件，还有许多重要的工作系统，如启动和点火系统、防喘系统、空气系统和防冰系统等。只有这些系统协调工作，才能使发动机正常工作。

起动系统和点火系统必须协调工作来保证航空发动机的顺利起动。若想发动机在地面正常启动，那么这两个系统必须一起工作。

防喘系统用于避免发动机喘振的发生。

空气系统用于降低部件温度，使温度分布均匀，控制热膨胀，提高发动机效率。

防冰系统一般用来防止冰的生成，降低结冰对发动机的破坏。

以上这些系统都不是独立的，只有相互合作、相互协调，才能使航空发动机处在较佳的状态。这些子系统与发动机系统的关系如图7.6所示。

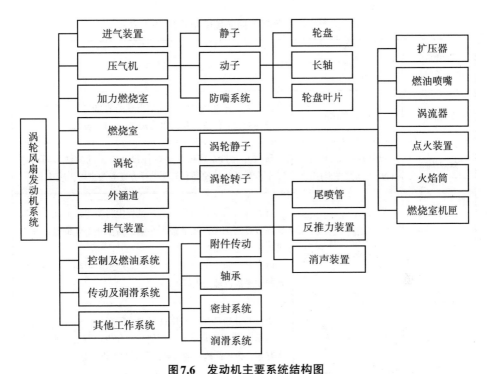

图7.6　发动机主要系统结构图

7.6　涡轮风扇发动机FMEA

7.6.1　故障模式分析

故障是产品或产品的一部分不能完成预定功能的事件或状态（对某些产品如电子元器件、弹药等称为失效）[12]。故障的外在表现形式即为故障模式，如比较常见的短路和开路。一般研究产品的故障是从产品的故障现象（即故障模式）入手，找出故障发生的原因。故障模式是FMEA分析的基础，同时是进行其他故障分析（如故障树分析、事件树分析等）的基础[12]，产品寿命周期不同阶段使用的FMEA方法见表7.3。

分析类似的机械产品的故障模式和故障原因，并对其进行归纳、总结，得到如表7.4所示的涡轮风扇发动机的故障模式和故障原因。表7.5所列的是《RMS型号可靠性维修性保障性技术规范》第9篇中的一般机械零件常见故障模式；《航空发动机故障模式、影响及危害性分析指南》（HB/Z 281—95）中的航空发动机典型零部件常见故障模式，见表7.6。

表7.3 产品寿命周期不同阶段使用的FMEA方法

产品寿命周期各阶段	方法	目的
方案阶段	功能FMEA	研究并分析系统功能设计中出现的缺陷与薄弱环节，为系统功能设计的改进和方案的权衡提供理论依据
研制阶段	设计FMEA（硬件FMEA和软件FMEA）	研究并分析系统硬件和软件设计中出现的缺陷与薄弱环节，为系统的硬件和软件设计方案的改进提供理论支持
生产阶段	工艺FMEA设备FMEA	研究并分析设计的生产工艺过程中将要出现的缺陷和薄弱环节及对产品产生的最大影响，为生产工艺的设计和改进提供理论依据 研究并分析生产设备故障对产品产生的影响，为生产设备的改进提供理论依据
使用阶段	统计FMEA	研究并分析产品在使用过程中实际产生的故障、产生故障的原因及故障的影响，评估研制和生产各阶段FMEA是否有效，为产品改进或者新产品研制提供理论支持

表7.4 涡轮风扇发动机典型零部件的常见故障模式

序号	零部件组成	主要故障模式	序号	零部件组成	主要故障模式
1	涡轮盘	振动	3	齿轮	弯曲疲劳断齿
		偏摆过大			振动疲劳
		塑性变形过大			冲击过载断齿
		封严环漆层脱落			点蚀
2	轴	疲劳失效			剥落
		磨粒磨损			磨损量偏大
		粘着磨损			磨粒磨损
		疲劳磨损			干涉磨损
		微动磨损			不正确的啮合磨损
		腐蚀损伤			波纹状磨损
		韧性断裂			胶合

表7.4（续）

序号	零部件组成	主要故障模式	序号	零部件组成	主要故障模式
3	齿轮	塑性变形	4	轴承	内套圈开裂
		表面裂纹			圈开裂
		腐蚀			外环出现缺口
4	轴承	轴承的接触面或接近接触面处产生的疲劳裂纹			外圈刻痕
					早期疲劳断裂
		接触疲劳			旋转爬行
		座圈表面片状剥落套圈、滚动体和保持架发生疲劳开裂、轴承外套圈上产生周向裂纹（滚珠轴承上的这种裂纹通常发生在滚珠磨损滚道的底部）			过热
					高速轻载打滑
					横向弯曲振动
					自激振动
			5	压气机轮盘	过早疲劳破坏

表7.5　一般机械零件常见的故障模式

序号	故障模式	说明
1	断裂	零件（轴类、杆类、支架、齿轮等）具有有限面积的几何表面出现分离的现象
2	碎裂	零件（轴承、摩擦片、齿轮等）变成许多不规则碎块
3	开裂	零件出现可见缝隙
4	龟裂	零件表面（如摩擦片表面等）产生网状裂纹
5	裂纹	零件表面或内部产生微小裂缝
6	异常变形	零件在外力作用下超出设计允许的弹、塑性变形，如：轴、杆类的弯曲等
7	点蚀	零件（齿轮齿面、轴承等）表面由于疲劳而产生点状剥落
8	烧蚀	零件表面（如齿轮齿面等）因高温局部熔化或改变了金相组织而发生的损坏

表7.6 航空发动机典型零部件的常见故障模式

序号	零部件名称	主要故障模式	序号	零部件名称	主要故障模式
1	导风轮	断裂	9	燃油喷嘴	喷油杆断裂
		叶片变形			积炭
2	导风轮与离心叶轮组合	脱胶掉块			喷嘴堵塞
					甩油盘小孔裂纹
3	离心叶轮罩	变形、摩擦磨损	10	喷射油道	喷射油道结合面漏燃油
4	压气机轮盘	辐板处断裂			喷射油道喷油孔阻塞
		轮缘处疲劳断裂	11	燃烧室机匣	裂纹
		卡环槽断裂			爆破
		破裂			安装边磨损
5	压气机工作叶片	裂纹			支板加强环裂纹（裂纹由焊缝处发展）
		断裂			
		外物打伤、变形、折断			泄油活门座裂纹
		根部微动磨蚀	12	燃气涡轮导向器	导向叶片进排气边裂纹
		叶片型面上压痕、划伤			导向叶片表面变形、翘曲
6	压气机双排整流器	叶片折断			导向叶片叶身龟裂、发纹
7	压气机机匣	滑石粉层脱落、掉块			导向叶片表面烧蚀
8	火焰筒	进气口边裂纹			导向叶片烧蚀
		外环前涡流板裂纹			叶片烧蚀
		扰流器裂纹			导向叶片叶身拱背
		焊缝裂纹，搭接边开焊			导向叶片的热疲劳蠕变交互作用损伤
		局部变形、翘曲、烧伤			
		局部裂纹、掉块			导向器严重变形或掉块
		掺合孔边裂纹			涡轮导向器烧坏与变形
		后安装边裂纹			外环裂纹、变形

表7.6（续）

序号	零部件名称	主要故障模式	序号	零部件名称	主要故障模式
12	燃气涡轮导向器	内外环严重变形	16	涡轮叶片	叶片表面龟裂
		内外环直径变大，叶片托槽			叶片表面晶界缺陷
		内外环安装边裂纹			燃气腐蚀
		安装孔边裂纹			应力腐蚀
		定位圆孔或圆柱面磨损、粘接			冷却孔边裂纹
13	燃气涡轮转子	转子不平衡量变大			叶身前缘1/3叶高附近裂纹
		工作中变形			叶身的疲劳与蠕变交互作用损伤
14	涡轮主轴	涡轮轴后锥段断裂			叶片第一榫齿裂纹
		涡轮前段套齿根部裂纹			第一榫齿工作表面碎裂
		套齿工作面局部磨损			第二榫齿裂纹
		陶瓷工作面剥落			固定锁键裂纹
15	涡轮盘	中心孔胀大与裂纹			叶片打伤变形
		偏心孔变形和裂纹	17	涡轮机匣（外环）	安装边裂纹
		涡轮盘与主轴连接销钉孔变形			内壁（工作表面）裂纹
		外缘封严篦齿裂纹			表面腐蚀
		榫槽底部裂纹			直径收缩
		榫齿根部裂纹			内径出现椭圆变形
		榫齿工作表面掉晶	18	自由涡轮一级导向器	机匣裂纹变形
16	涡轮叶片	叶身排气边裂纹	19	自由涡轮转子	飞转
		叶片表面烧伤	20	加力燃烧室	安装边裂纹
		叶片背部沿叶高方向裂纹			筒体裂纹
		叶片蠕变伸长			筒体滚焊接缝裂纹、脱焊
		叶身局部颈缩			

表7.6（续）

序号	零部件名称	主要故障模式	序号	零部件名称	主要故障模式
20	加力燃烧室	火焰稳定器变形、裂纹	30	主轴承	黑点、黑道
		加力筒体快卸环漏气			压痕、压坑
		加力筒体快卸环断裂			锈蚀
		放气带裂纹、折断			烧毁
21	放气带	放气带操纵用离心活门卡死、抱轴			保持架划伤、磨损
					保持架剥落
22	燃气排气端	支板外套磨穿			保持架断裂
23	隔热套筒（钛合金）	外压失稳变形			转子磨损
					滚子磨损
24	尾喷管	裂纹			滚珠磨损
		内环封严圈掉下			主动齿轮轴承磨损
25	喷口作动筒	大螺帽胶圈挤环漏油			滚子损坏
26	联轴套齿	折断	31	自由涡轮减速器机匣	机匣内磁性螺堵上出现金属末
		磨损			
27	篦齿封严环	断裂	32	传动齿轮	多齿断裂
28	减速器主动齿轮	轴颈滚道严重磨损			齿牙掉块
					齿面磨损
29	减速器中间齿轮	大齿轮前端六个齿断裂、掉块			齿牙工作面麻点剥落
					齿圈套、齿黏结，齿毂裂纹
30	主轴承	滑蹭			锥齿轮齿牙损坏
		管道、滚子剥落	33	附件传动系统的弹性传动轴	往复摆动
		划伤			折断
		滚子与滚道表面磨损	34	齿轮泵	从动齿轮与轴咬合
		轴承过热			结合面漏油
		外套圈直径加大	35	活门（各种）	卡死
		麻点			

表7.6（续）

序号	零部件名称	主要故障模式	序号	零部件名称	主要故障模式
36	管子	管子断裂	41	起动发电机组合轴	折断
		与螺母黏附咬合			
		应力集中引起断裂	42	起动发电机轴承	保持架断裂
37	承力螺钉、螺栓	螺栓伸长、缩颈	43	起动系统	启动困难
		氢脆断裂			不能启动
		与螺母黏附咬合	44	滑油系统	滑油被燃油稀释
		应力集中引起断裂	45	附件机匣	附件安装处渗漏滑油
		螺栓伸长、缩颈			腐蚀（镁合机匣）
38	连接螺栓	腐蚀			螺桩松脱
39	保险锁片	折断			渗油
40	螺桩	裂纹、断裂	46	螺旋桨轴	断裂（桨轴螺纹退刀槽处）

7.6.2 严酷度类别

在《故障模式、影响及危害性分析程序》（GJB 1391—92）中，对FMEA的严酷度类别进行了列举性定义，其划分准则见表7.7。

表7.7 严酷度定义

类别	名称	描述
Ⅰ类	灾难性的	导致人员死亡或系统毁坏
Ⅱ类	致命性的	导致人员受到严重伤害、发生重大经济损失或出现引起系统严重损坏的故障
Ⅲ类	临界的	导致人员受到轻度伤害、出现一定的经济损失或致使任务延误或降级
Ⅳ类	轻度的	不足以引起人员伤害、出现的经济损失小或出现导致系统损坏的故障，但会产生非计划性维护

在对涡轮风扇发动机进行FMEA时，表7.8定义了故障模式影响的级别。从表7.7与表7.8可以看出，故障模式影响级别的规定与严酷度类别的定义是一

致的，说明严酷度级别可代表故障模式影响的级别。

表 7.8　故障模式影响级别的规定

严酷度类别	严重程度定义
Ⅰ类（灾难性的）	发动机关键件的断裂故障，其破坏后未被包容而可能导致飞机失事
Ⅱ类（致命性的）	不能继续飞行或不能完成预定任务，人员在飞行过程中可能受伤
Ⅲ类（临界的）	涡轮风扇发动机功能下降和维修负担显著增加，但不至危及飞行安全或影响任务的完成
Ⅳ类（轻度的）	不足以对人员造成伤害，涡轮风扇发动机轻微异常，需要非计划性维修

7.6.3　故障原因

故障模式只描述了产品将出现什么样的故障，并未阐述产品为何会发生这种故障。因此，要想有效地提高产品的可靠性，就必须分析可能导致每一种故障模式发生的所有因素。分析故障原因一般需要从两个方面进行研究，一个是故障机理，即直接原因，由产品自身的物理、化学或生物变化过程等引起产品功能故障或潜在故障；另一个则是间接故障，由其他产品的故障、环境因素和人为因素等引起[13]。

7.6.4　故障检测方法分析

针对找出的每一种故障模式提供检测方法，目的是为系统的维修和测试性设计提供理论依据。常用的故障检测方法有离机检测、目视检查、原位测试等，更为具体的有 BIT（机内测试）、传感仪器、自动传感装置、音响报警装置、显示报警装置等。

故障检测通常分为事前检测和事后检测两种，对于潜在的故障模式，应尽最大可能设计出事前检测方法，以降低故障发生的概率。

7.6.5　补偿措施分析

补偿措施分析主要是根据每个故障模式产生的最大影响，尽可能地提出补偿措施，这是提高产品可靠性的途径之一。分析人员应提出相应的补偿措施，并评价其是否能用来消除或者减轻故障带来的影响，以此来得到最快速、最经济的补偿措施。

7.6.6　FMEA工作表及填写方法

在QS 9000 FMEA中，规定了标准的DFMEA工作表和PFMEA工作表，以下是结合了涡轮风扇发动机的实际故障模式，并结合了本书的内容而定义的DFMEA工作表，见表7.9。

表7.9　FMEA工作表

初始约定层次		任　　务			审核		第　页　共　页	
约定层次		分析人员			批准		填表日期	

代码	产品或功能标志	产品功能	故障模式	故障原因	故障影响			严酷度
					局部影响	高一层次影响	最终影响	

7.6.7　结论

综合分析发现，涡轮风扇发动机常见的故障模式有很多，由于后文用到了进气装置和燃烧室系统的故障模式，故在本章对二者进行了FMEA，总结起来有85个，其中严酷度为Ⅰ类的有17个，Ⅱ类的有13个，Ⅲ类的有26个，Ⅳ类的有29个。根据严酷度级别的定义，首先针对Ⅰ类故障模式采取有效的措施及改进方法，从而避免其发生。Ⅱ类、Ⅲ类、Ⅳ类虽没有Ⅰ类那么严重，但是若它们发生的频率很高，也应采取相应措施。

7.7　本章小结

本章主要介绍了FMEA的构成，以及故障模式、故障原因、故障影响、故障检测方法等，还阐述了严酷度的定义方法，更直观地表示失效模式的等级。接着，根据机械原理中零部件的连接关系、组成原理及查阅得到的航空发动机的失效模式和常用手册，编写了导致航空发动机失效的FMEA工作表。

第8章 航空发动机系统
可靠性软件设计及开发

8.1 概述

由于航空发动机失效模式多且杂，若单纯利用贝叶斯公式计算系统可靠性及各零件或部件的条件概率会耗费大量时间和人力，而且结果的正确性也有待考证。随着数据的日益增多，人工算法已然不能适应社会的要求。在这种背景下，计算机犹如救星般出现，解决了繁重的计算问题，给人们带来了极大的方便。考虑到计算机软件技术的便捷，又能被广泛使用，故本书设计了一款基于Matlab工具的软件。

8.1.1 软件功能

功能需求是指依据用户要求软件必须实现的功能，它规定软件在某种输入条件下要给出明确的输出，从而使用户能够利用系统顺利地完成任务，满足需求。Matlab软件是在充分研究领域软件后，综合比较其他软件的功能，遵循实用、合理、方便的原则而提出的。主要功能如下：

（1）良好的保密功能：由于对象是涡轮风扇发动机，所以需要对其结构及分析数据信息采取保密措施。Matlab软件要求用户事前知道密码，否则将不能登录软件，从而保证了信息的安全。

（2）简单快捷的数据输入界面：数据的输入是软件的重要功能之一，主要是输入零件的可靠度。

（3）零部件之间的连接关系图：此为输出部分，由箭头指示连接的方向，箭头指向的一端为更高一级的零部件，可使初学者更易于熟悉零部件之间的连接关系。

（4）所需零件的条件概率值及系统或子系统最大的条件概率值：此亦为输出部分，通过条件概率值，可知在系统失效的情况下零件失效的概率值，从而可对概率值大的零件进行有效预防，降低风险的发生，确保系统连续稳健地工作。

（5）系统可靠度：此亦为输出部分，可求出系统在正常工作和失效两种状态或者在正常工作、失效状态、功能老化三种状态时系统的可靠度大小，根据结果，可制定详细的方案，减少失效状态的时间，延长正常工作的时间。

8.1.2　软件工作流程图

Matlab 软件遵循简捷、便捷原则，其软件主要包括登录界面、输入界面及结果输出界面，如图 8.1 所示，具体介绍如下：

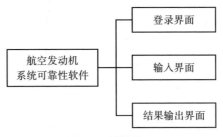

图8.1　软件界面

（1）登录界面：用户需要在此界面进行密码验证才能登录软件。若输入错误的密码，则不能登录。

（2）输入界面：用户需要在此界面手动输入零件失效模式发生的概率或者以文件的方式读入零件失效模式发生的概率。

（3）结果输出界面：得到的结果主要为零部件间的关系图，需要在已知系统失效的前提下零件失效的概率值及其中最大的概率值，亦能求出系统处于正常状态、功能老化状态和失效状态的可靠度。此外，得到的结果可进行存储，以备下一次查阅和使用。

软件的工作流程如图 8.2 所示。

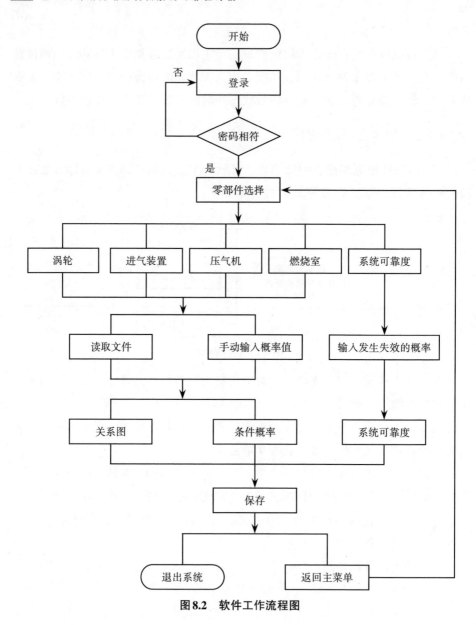

图8.2 软件工作流程图

8.2 软件开发环境

8.2.1 Matlab

Matlab 主要用于算法开发、数据分析、数据可视化，以及数值计算的交互式环境。Matlab可以实现矩阵的运算、函数的绘制、算法的实现、用户界面的创建等，有如下特点：

（1）依托高效的数值计算及符号计算功能，使用户从繁杂的数学运算分析中解脱出来。

（2）依托完备的图形处理功能实现计算结果和编程的可视化。

（3）使学者更易于掌握接近数学表达式的自然化语言。

（4）为用户提供许多方便实用的处理工具，如各种应用工具箱。

基于Matlab强大的功能和特点，软件设计主要采用了Matlab的实现算法、创建用户界面及绘制图像功能，以此满足需求。

8.2.2　BNT（Bayesian network toolbox）工具箱

贝叶斯网络工具箱（Bayesian network toolbox，简称BNT）是基于Matlab语言开发的关于贝叶斯网络学习的开源软件包。BNT提供了贝叶斯网络学习的底层基础函数库，支持静态模型和动态模型，可以进行精确推理和近似推理。

在BNT中，贝叶斯网络是用矩阵方式来表示的，若矩阵 (i, j) 值为1，则说明节点i和节点j之间有一条有向弧，且从i指向j，若为0则说明两者没有直接连接关系。同时，BNT工具箱拥有不同的引擎机制，对应着不同的推理算法，从而达到加快运算速度的目的。综合比较各种推理算法，Matlab软件将采用联合树推理引擎jtree_inf_engine（）计算条件概率。

8.3　登录

8.3.1　登录步骤介绍

当准备就绪后，就可以进入如图8.3所示的登录界面。在登录界面，可以看到有输入密码的按钮框。当输入的密码与系统设定的密码一致时，系统便会提示登录成功，如图8.4所示。反之，系统会提示出错，且不能登录界面，如图8.5所示。这主要是为了体现软件良好的保密功能。

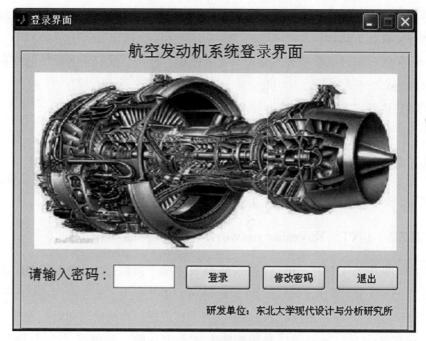

图8.3 登录界面

图8.4 登录成功提示界面

图8.5 登录失败提示界面

8.3.2 密码修改界面

在图8.3所示的登录界面，可以看到修改密码按钮。如若想更改原本设定好的密码，就可点击修改密码按钮，进入如图8.6所示的密码修改界面。在密码修改界面，需要输入原始密码才能设定新密码，这个操作同样是为了保密。

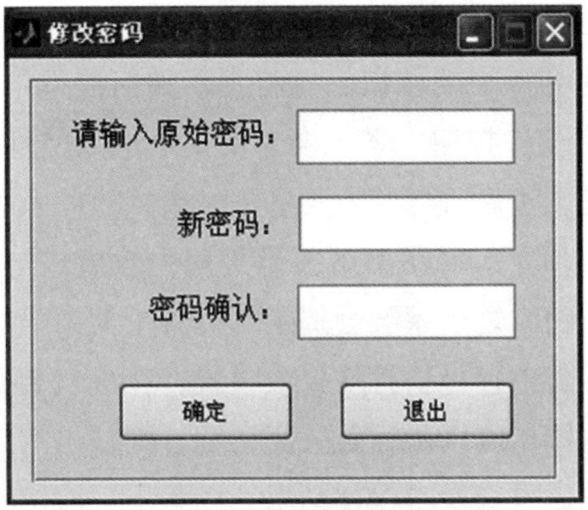

图8.6 密码修改界面

8.4 输入界面与结果输出界面

根据关于FMEA的分析，本书暂且把航空发动机系统分为四个主要部分，分别为进气装置、压气机、涡轮和燃烧室系统。根据关于FMEA分析的结果，并考虑到零部件发生故障的频率和严酷度及其对系统整体的影响，以及工程实际应用中所产生的影响，设计了如图8.7所示的输入界面。

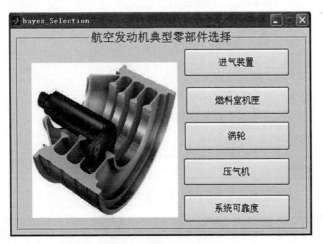

图8.7 零部件的选择

8.4.1 以文件形式读入数据

由于各部分的原理是相同的，故以进气装置为例阐述以XSL文件方式读入数据的操作及其功能。由于选择的是进气装置，故接下来将进入进气装置操作界面，如图8.8所示。在进气装置界面，可以看到有许多按钮，若刚开始不知道怎么操作，可点击帮助说明按钮，它将提示如何操作，如图8.9所示。根据提示，首先点击读取文件按钮，系统会自动提示选取文件，待文件读取完毕，就可点击关系图按钮，了解进气装置中各失效模式之间及各失效模式与系统之间的联系，如图8.10所示。在了解各零部件间失效模式与系统失效的关系后，便可点击计算概率按钮，之后系统会提示选择哪个需要显示在界面上的失效模式，如图8.11所示。若选择外物打伤失效模式，在进气装置界面的右侧会出现相关条件概率值，如图8.12所示。若关闭系统，则输出的结果不能保存，不便于下一次查阅和提取，故应及时保存结果，以备下一次快速查阅，需点击保存输出按钮，有相应的进度条提示保存的进度，如图8.13所示。当其显示100%时，表明结果已经被保存，紧接着系统会提示保存的路径，可以自己定义。若需要求解其他零部件失效模式的条件概率值，则需点击返回主菜单按钮，系统将自动弹回如图8.7所示的零部件选择界面，若不想再进行其他操作，则直接点击退出系统按钮，此时系统将自动关闭。

图8.8　进气装置界面

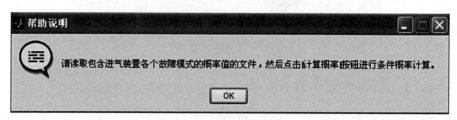

图8.9　操作提示界面

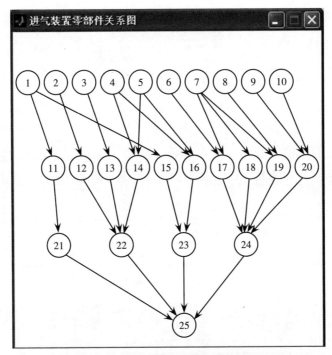

图 8.10　零部件间失效模式与系统失效的关系图

图 8.11　失效模式选择界面

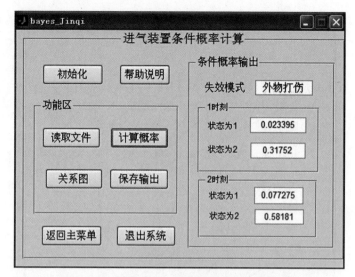

图8.12　失效模式条件概率值结果输出界面

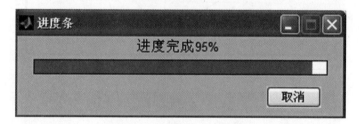

图8.13　输出进度显示界面

8.4.2　手动输入概率值

手动输入概率值是与以文件读入的方式相区分的，此操作更直观，但易受到失效模式数量的限制，故以燃烧室系统为例进行说明。与前面提到的航空发动机系统登录界面相同，点击进入燃烧室系统才产生了不同，如图8.14所示。接下来，就需手动输入各个零部件的可靠度，以便系统进行计算，如图8.15所示。紧接着进入失效模式选择界面，如图8.16所示。当进行选择后，在图8.14所示界面的右方将出现条件概率值，如图8.17所示。其他操作同上述操作一样，在此不再赘述。

图 8.14　燃烧室系统界面

图 8.15　手动输入概率界面

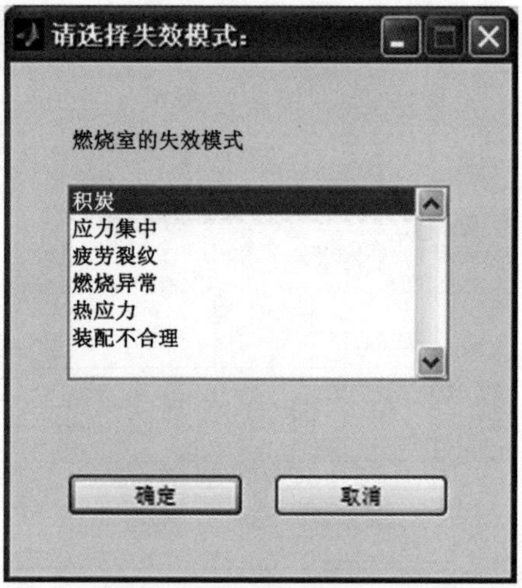

图8.16　失效模式选择界面

图8.17　失效模式条件概率值结果输出界面

　　上述两种读入数据的方法都是为了求解条件概率值，若将其进行保存，便可得到条件概率的最大值及相对应的失效模式，从而可对该零部件进行预防，采取定期检查的方式降低其危害。对于其他较大的条件概率值，同样应进行预防，以此保证系统可靠地工作。

8.4.3　系统可靠度的输出

8.4.3.1　概述

进入如图 8.18 所示的选择窗口。在
该选择窗口，可以看到有两个选项，分
别为系统处于二状态时（即正常工作和
失效状态）和系统处于三状态时（即在
两个状态的基础上加上功能老化状态）。
这主要是为了研究系统的多状态性，使
其更贴近工程实际。

8.4.3.2　系统两状态时的概率输出

此界面仅考虑系统处于正常工作和
失效两种状态。其他的都与上述步骤类
似，故在此不再叙述。由于零部件失效

图 8.18　选择界面

与系统失效满足贝叶斯公式，且不随时间产生变化，故选取的失效模式为燃烧
室中的积炭模式，只要输入积炭失效的概率，便可得到系统的可靠度，如图
8.19 所示。

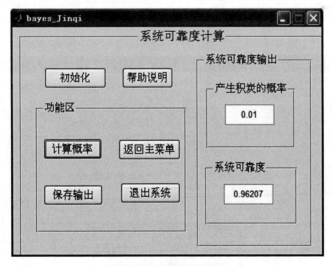

图 8.19　结果输出界面

8.4.3.3　系统三状态时的概率输出

由于在工程实际中，系统往往不局限于两个状态，一般都会有三个状态或

者更多状态，若为三状态，分别是正常工作状态、功能虽老化但还能工作的状态、失效状态，若为三个以上状态，则说明介于正常工作状态和失效状态之间有不止一种状态，此处不一一列举。由于三状态和多状态原理相同，故以燃烧室系统三状态为例来进行说明。如图8.20所示即为其输入界面。在输入界面左侧的燃烧室机匣故障模式中输入积炭和装配不合理两个故障模式在三个状态下的概率，即输入三个数值，便可得到系统三状态的概率输出，如图8.21所示。

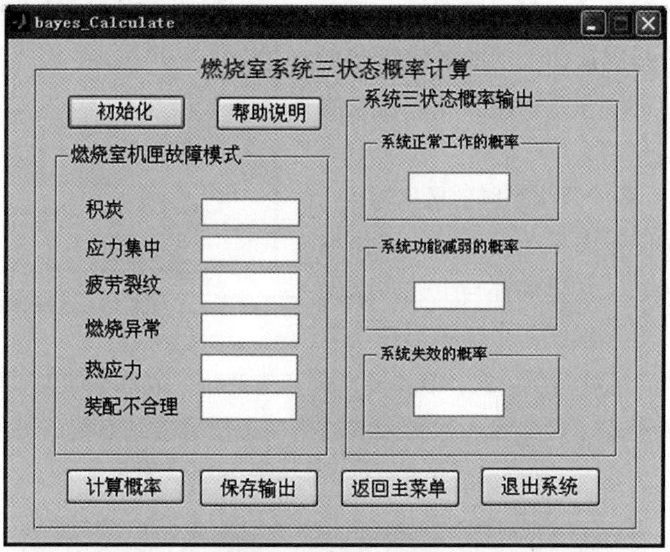

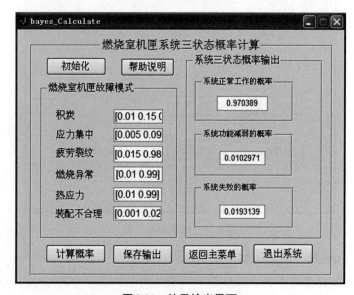

图8.20 输入界面

图8.21 结果输出界面

从系统处于二状态和三状态的结果来看，发现系统处于三状态的结果更可信，更利于在工程中发现问题和及时解决问题。

8.5　本章小结

本章主要依据第 7 章 FMEA 结果中的故障模式和故障原因及应用 Matlab 的相关功能设计出此软件。设计此软件最主要的目的是将动态贝叶斯网络方法进行软件化，实现快速、便捷的操作，提高计算的准确度，避免遗漏一些重要的故障模式。

第9章 汽车发动机系统可靠性评估

9.1 汽车发动机总体构造

汽车发动机是将燃料在气缸内部燃烧产生的热能直接转化为机械能的动力机械。它是汽车的动力源。汽油机通常由两大机构和五大系统组成，具体由曲柄连杆机构、配气机构、燃料供给系统、冷却系统、润滑系统、点火系统和启动系统组成。柴油机由两大机构、四大系统组成，相比于汽油机，柴油机无点火系统。本书主要介绍汽油机的结构。

（1）曲柄连杆机构：曲柄连杆机构由活塞连杆组和曲轴飞轮组组成。活塞连杆组包括活塞、活塞环、连杆等组件。曲轴飞轮组包括曲轴、飞轮、皮带轮、正时齿轮等组件。曲柄连杆机构的作用是实现功能转换，将活塞的往复运动转化为曲轴的旋转运动。

（2）配气机构：配气机构由气门组和气门传动组组成。气门组包括气门（进气门、排气门）、气门弹簧、气门座、气门导管等零部件。气门传动组包括凸轮轴、正时齿轮、正时皮带、正时链条等零部件。配气机构的作用是适时开关进、排气门，以便可燃混合气能及时进入气缸，废气能及时从气缸排出。

（3）燃料供给系统：燃料供给系统主要由电子控制系统、汽油箱、汽油滤清器、空气滤清器、进气管、排气管、排气消声器等组成。现代汽车燃料供给系统去除了化油器，而使用电子控制系统、电控燃油喷射技术，喷油器在发动机电脑的控制下喷油，将适量的燃油喷入进气歧管内，与空气混合形成可燃的混合气，进入气缸燃烧。

（4）冷却系统：冷却系统主要由水泵、节温器、散热器、冷却风扇和冷却软管组成。冷却系统的作用是利用冷却液冷却高温零件，并通过散热器将热量散发到大气中，从而保证发动机在正常的温度状态下工作。

（5）润滑系统：润滑系统主要由机油泵、集滤器、润滑油道、机油粗滤器、机油细滤器、机油散热器、旁通阀、限压阀等组成。润滑系统的作用是将润滑油分送至发动机的各个摩擦零件的摩擦表面上，以减小摩擦力，减缓机件磨损，并清洗、冷却摩擦表面，从而延长发动机的使用寿命。

（6）点火系统：点火系统主要由蓄电池、发电机、点火器、点火线圈、分电器、火花塞和相关高压导线等零部件组成。汽油机是点燃式发动机，点火系统会在合适的时间让气缸内的火花塞产生电火花，以点燃缸内的可燃混合气。

（7）启动系统：启动系统主要由启动开关、起动机、蓄电池、启动继电器等组成。启动系统的作用是启动发动机，使发动机由静止状态进入正常工作状态。

9.2　汽车发动机系统FMEA表

汽车发动机零部件常见失效模式主要分为以下几类：① 损坏型失效模式，如断裂、塑性变形、击穿、开路等；② 退化型失效模式，如老化、积碳、腐蚀、正常磨损等；③ 松脱型失效模式，如松旷、脱落、脱焊等；④ 失调性失效模式，如间隙不适、流量不当、压力不当、电压不符等；⑤ 阻漏型失效模式，如堵塞、气堵、漏油、漏水等；⑥ 功能型失效模式，如性能下降、启动困难、转向沉重、制动跑偏等；⑦ 其他失效模式，如润滑不良、尾气排放超标、振动噪声大等。

在仔细分析发动机原理和结构的基础上，分别填写各个子系统的FMEA表。在此仅详细介绍汽车发动机润滑系统FMEA。

（1）确定被分析的系统。分析对象为汽车发动机润滑系统。

（2）确定约定层次，画出润滑系统可靠性框图。约定层次为发动机润滑系统，最低约定层次为零组件，分析润滑系统的可靠性框图如图9.1所示。

（3）填写FMEA表，如表9.1所示。

（4）分析FMEA表。考虑到故障模式发生概率等级、产品的严酷度，设计、生产和维护人员应采用有针对性的设计改进及补偿措施。

通过分析得出，汽车发动机常见故障模式有很多，其中严酷度为Ⅰ类的有14个，Ⅱ类的有32个，Ⅲ类的有40个，Ⅳ类的有7个。考虑到故障模式发生概率等级、产品的严酷度，设计、生产和维护人员应采用有针对性的设计改进及补偿措施。

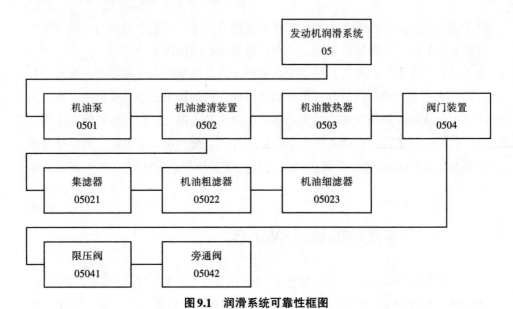

图9.1 润滑系统可靠性框图

表9.1 汽车发动机系统故障模式与影响分析表（FMEA）

初始约定层次：汽车发动机
约定层次：润滑系统

任务：将机油循环输送到所有相对运动的表面
分析人员：

审核：
批准：

第1页，共4页
填表日期：

代码	产品或功能标志	产品功能	故障模式	故障原因	任务阶段与工作方式	故障影响			故障检测方法	补偿措施	严酷度
						局部影响	对上一层影响	最终影响			
0501	机油泵	提高机油压力，保证机油在润滑系统内不断循环	机油泵卡滞、转动不灵活	①异物进入机油泵；②机油泵内部零件损坏；③发动机在缺少机油情况下启动、干摩擦搭结卡死；④在外力作用下错位	各阶段	各轴承和活动部件磨损加重	润滑系统不能正常工作	发动机性能和寿命下降	分解后目测	①拆开机油泵清洗；②清洗各油道、轴瓦、过滤芯和油底壳；③更换机油；④更换机油泵	Ⅲ
			机油泵断轴	①机油泵轴材质或热处理存在问题；②异物进入机油泵；③机油泵安装不合理；④缺机油行驶或使用劣质机油	各阶段	各轴承和活动部件磨损加重	润滑系统不能正常工作	发动机性能和寿命下降	目视检查	①合理选材；②合理进行热处理；③拆开机油泵清洗；④更换机油泵	Ⅱ

表 9.1（续）

代码	产品或功能标志	产品功能	故障模式	故障原因	任务阶段与工作方式	故障影响			故障检测方法	补偿措施	严酷度
						局部影响	对上一层影响	最终影响			
0501	机油泵	提高机油压力，保证机油在润滑系统内不断循环	机油泵转子或齿轮炸裂	①异物进入机油泵；②机油泵使用时间过长，转子或齿轮磨损严重	各阶段	各轴承和活动部件磨损加重	润滑系统工作不良	发动机性能和寿命下降	目测	①拆开机油泵清洗；②清洗各油道、轴瓦、过滤芯和油底壳；③更换机油泵	Ⅲ
			机油泵衬套脱落	①机油清洁度超标，小颗粒进入机油泵；②机油泵轴与衬套润滑不良	各阶段	各轴承和活动部件磨损加重	润滑系统工作不良	发动机性能和寿命下降	目测	①拆开机油泵清洗；②清洗各油道、轴瓦、过滤芯和油底壳；③更换机油泵	Ⅲ
			机油泵异常磨损	①机油清洁度超标，小颗粒进入机油泵；②工作环境恶劣；③用户使用不当	各阶段	各轴承和活动部件磨损加重	润滑系统工作不良	发动机性能和寿命下降	目测、磨损检测	①拆开机油泵清洗；②清洗各油道、轴瓦、过滤芯和油底壳；③更换机油泵	Ⅲ

编号	名称	功能	故障模式	故障原因	阶段	零部件	系统	发动机	检测	等级	措施
0502	机油滤清装置	过滤机油中杂质，以免杂质进入润滑系统损机件	堵塞、机油泄漏	①机油滤清器质量不好；②润滑油品质差；③用户保养不当	各阶段	零部件异常磨损	导致润滑系统油路堵塞	发动机性能和寿命下降	目测	III	①正确选择机油；②清洗或更换滤芯
05021	集滤器	防止大的杂质进入机油泵	堵塞	①机油集滤器质量不好；②润滑油品质差；③使用时间长，保养不当	各阶段	机油泵内部零件易受损	润滑系统工作不良	发动机性能和寿命下降	目测	III	①正确选择机油；②清洗或更换滤芯
05022	机油粗滤器	过滤机油中各种杂质	堵塞	①机油粗滤器质量不好；②润滑油品质差；③使用时间长，保养不当	各阶段	主油道杂质含量高	润滑系统工作不良	发动机性能和寿命下降	目测	III	①正确选择机油；②清洗或更换滤芯
05023	机油细滤器	保证润滑油的清洁度	堵塞	①机油细滤器质量不好；②润滑油品质差；③用户保养不当	各阶段	零部件磨损加重	润滑系统工作不良	发动机性能下降或损坏	目测	III	①正确选择机油；②清洗或更换滤芯

表 9.1（续）

代码	产品或功能标志	产品功能	故障模式	故障原因	任务阶段与工作方式	故障影响 局部影响	故障影响 对上一层影响	故障影响 最终影响	故障检测方法	补偿措施	严酷度
0503	机油散热器	使机油保持有利的工作温度	散热器芯片出现裂纹	①散热器芯片变形，受力过大；②焊接不当	各阶段	机油过热；油水混合	机油冷却效果下降	发动机性能和寿命下降	目测	①焊修芯片；②更换密封圈	Ⅲ
			密封胶圈密封不严	①密封圈老化变形；②密封圈损坏							
05041	限压阀	限制机油最高压力，确保安全	漏油	①弹簧过软或折断；②阀芯与阀座磨损	各阶段	润滑油膜难以形成	机油压力过低	发动机烧瓦，性能下降	目测	①更换弹簧；②修磨阀芯	Ⅲ
			不能正常开启	①装配不当；②限压阀门内含胶结物质	各阶段	细滤能力下降	机油压力过高	发动机性能下降或损坏	目测	清洗或更换限压阀	Ⅲ
05042	旁通阀	在机油滤清器堵塞时，防止主油道断油	不能正常开启	①装配不当；②旁通阀门内含胶结物质	各阶段	供油中断，润滑油膜难以形成	机油压力过低	发动机烧瓦，性能下降	目测	清洗或更换旁通阀	Ⅲ

9.3　汽车发动机起动困难模式可靠性分析

9.3.1　可靠性评估

DBN模型确定后，就可以使用FullBNT工具箱进行可靠性分析和故障诊断。本书使用离散DBN进行推理，即假设所有节点都是离散变量。发动机起动有两种状态，即起动正常和起动困难。假设初始时刻发动机起动正常，未来五年内，每隔半年对发动机能否正常起动进行评估，得出两种状态相对应的概率值；分析已知发动机起动困难，模型中节点的后验概率，即进行故障诊断；在此详细对汽车发动机起动困难故障模式进行分析研究。

在初始时刻发动机起动正常的数据下，计算未来五年内，每隔半年，发动机否能正常起动的概率。在MATLAB软件程序运行后所得结果如表9.2所示。

表9.2　发动机起动正常/困难概率值

时间/a	状态	
	发动机起动正常	发动机起动困难
0	1.0000	0
0.5	0.9983	0.0017
1.0	0.9948	0.0052
1.5	0.9893	0.0107
2.0	0.9820	0.0180
2.5	0.9738	0.0262
3.0	0.9640	0.0360
3.5	0.9524	0.0476
4.0	0.9393	0.0606
4.5	0.9245	0.0655
5.0	0.9076	0.0924

9.3.2 诊断推理

故障诊断是在明确故障模式的情况下，将证据加入DBN模型中，推理出故障原因。故障发生后能快速准确地进行故障诊断，找到最可能引起故障的原因，及时维修，减少停机时间过长所带来的一系列损失；此外，将故障原因大小进行排序，对薄弱环节加以强化，减少经济损失。

在发动机起动困难的条件下，各个事件的后验概率如表9.3所示。结果显示，在发动机起动困难的条件下，供油系统故障的概率是0.3649，进气系统的故障概率是0.2962，控制系统的故障概率是0.09，点火系统的故障概率是0.2554，其中供油系统是系统薄弱环节。使用DBN方法可方便地对汽车发动机起动困难进行故障诊断，识别系统的薄弱环节。

表9.3 发动机起动困难故障诊断

节点	自验概率		
	正常	轻微	严重
供油系统故障（M_1）	0.6351	—	0.3649
进气系统故障（M_2）	0.7038	—	0.2962
点火系统故障（M_3）	0.9100	—	0.0900
控制系统故障（M_4）	0.7446	—	0.2554
喷油器工作不良（X_{11}）	0.7876	—	0.0938
燃油压力调节器故障（X_{12}）	0.9152	—	0.0848
油管堵塞（X_{13}）	0.9309	0.0145	0.0546
进气管漏气（X_{21}）	0.9610	—	0.0390
空气滤清器堵塞（X_{22}）	0.9293	0.0052	0.0745
气缸垫漏气（X_{23}）	0.9417	—	0.0583
活塞环漏气（X_{24}）	0.9152	—	0.0848
气门漏气（X_{25}）	0.9556	—	0.0444
点火线圈工作不良（X_{31}）	0.9682	—	0.0418
火花塞工作不良（X_{32}）	0.9417	—	0.0583
空气流量计工作不良（X_{41}）	0.9556	—	0.0444

表9.3（续）

节点	自验概率		
	正常	轻微	严重
冷却液温度传感器工作不良（X_{42}）	0.8734	—	0.1266
曲轴位置传感器工作不良（X_{43}）	0.9152	—	0.0848

　　下面分别对供油系统故障、进气系统故障、点火系统故障和控制系统故障进行故障诊断结果如表9.4至表9.7所示。

表9.4　供油系统故障诊断

节点	后验概率		
	正常	轻微	严重
喷油器工作不良（X_{11}）	0.4179	—	0.5821
燃油压力调节器故障（X_{12}）	0.7676	—	0.2324
油管堵塞（X_{13}）	0.8116	0.0385	0.1499

表9.5　进气系统故障诊断

节点	后验概率		
	正常	轻微	严重
进气管漏气（X_{21}）	0.8684	—	0.1316
空气滤清器堵塞（X_{22}）	0.7618	0.0170	0.2212
气缸垫漏气（X_{23}）	0.8034	—	0.1966
活塞环漏气（X_{24}）	0.7138	—	0.2862
气门漏气（X_{25}）	0.8502	—	0.1498

表9.6　点火系统故障诊断

节点	后验概率		
	正常	轻微	严重
点火线圈工作不良（X_{31}）	0.6467	—	0.3533
火花塞工作不良（X_{32}）	0.3529	—	0.6471

表9.7　控制系统故障诊断

节点	后验概率		
	正常	轻微	严重
空气流量计工作不良（X_{41}）	0.8262	—	0.1738
冷却液温度传感器工作不良（X_{42}）	0.5042	—	0.4958
曲轴位置传感器工作不良（X_{43}）	0.6681	—	0.3319

分析系统故障后零部件故障的条件概率，从故障诊断角度反映了零部件在系统中的重要性，指明了引起系统故障的最可能原因，特别适合于识别系统薄弱环节、故障诊断和制订检查与维护计划。

9.4 汽车发动机系统可靠性评估

汽车发动机系统有九种常见的故障模式：发动机起动困难、发动机怠速不良、发动机动力不足、发动机油耗过大、个别气缸不工作、发动机中途熄火、发动机过热、发动机排烟异常、发动机异响。本书评估汽车发动机系统可靠度，是先分别评估以上九种故障模式的可靠度，然后将这九种故障模式串联，用来评估发动机系统可靠度。汽车发动机BN模型如图9.2所示。从图9.2中可以看出，BN模型需要确定的参数众多，模型计算复杂度较大，故在此使用模块化建模，将联合概率分布分解成多个复杂度较低的概率分布，可有效降低计算复杂度，提高推理效率。更改后的模型如图9.3所示。

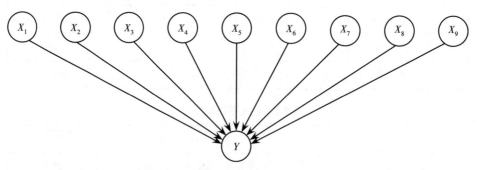

Y—汽车发动机故障；X_1—发动机起动困难；X_2—发动机怠速不良；X_3—发动机动力不足；X_4—发动机油耗过大；X_5—个别气缸不工作；X_6—发动机中途熄火；X_7—发动机过热；X_8—发动机排烟异常；X_9—发动机异响

图9.2　汽车发动机贝叶斯网络模型1

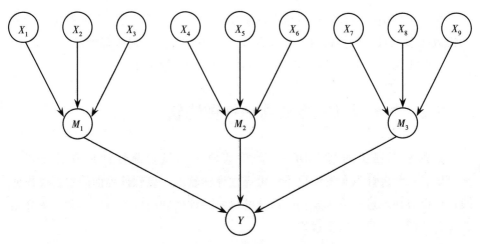

Y—汽车发动机故障；M_1—中间节点1；M_2—中间节点2；M_3—中间节点3；X_1—发动机起动困难；X_2—发动机怠速不良；X_3—发动机动力不足；X_4—发动机油耗过大；X_5—个别气缸不工作；X_6—发动机中途熄火；X_7—发动机过热；X_8—发动机排烟异常；X_9—发动机异响

图9.3 汽车发动机贝叶斯网络模型2

模型确定后，即可对发动机系统可靠度进行求解。在初始时刻发动机正常的证据下，计算未来五年内，每隔半年，发动机正常或故障的概率。所得结果如表9.8所示。

表9.8 汽车发动机系统可靠性评估

时间/a	状态	
	发动机起动正常	发动机起动困难
0	1.0000	0
0.5	0.9680	0.0420
1.0	0.9352	0.0648
1.5	0.9018	0.0982
2.0	0.8679	0.1321
2.5	0.8346	0.1654
3.0	0.8010	0.1990
3.5	0.7673	0.2327
4.0	0.7337	0.2663
4.5	0.7003	0.2997
5.0	0.6665	0.3335

根据评估结果，在发动机可能发生故障之前，应及时做好预防措施。对发动机故障影响较大的零部件，应采用定期检查的方式，对故障率高的零部件，进行预防维修，增加发动机可靠度，确保发动机正常工作。

9.5　汽车发动机系统可靠性评估软件

根据本书提出的基于DBN的汽车发动机系统可靠性评估方法，基于MATLAB平台设计汽车发动机系统可靠性评估软件。该软件界面简单、操作便捷，可以方便地进行汽车发动机系统的可靠性评估和故障检测。本章详细介绍软件各子模块的具体实现过程。

9.5.1　开发环境

MATLAB是matrix laboratory的简写，是由美国MathWorks公司开发的主要面向科学计算、可视化及交互式程序设计的计算环境。MATLAB以强大的工程计算、算法研究、可视化、数据分析、应用程序开发和动态仿真等功能，在航空航天、机械制造、电信行业、计算机外设开发和工程建筑等领域发挥着重要作用。

MATLAB系统的主要特点如下：

（1）提供了大量现成的工具：丰富的函数和工具箱、图形和用户界面及仿真功能块库。

（2）具有强大的可视化功能：方便的2D和3D绘图工具、面向图像对象的操作、强大的程序动画制作及连续和离散数据的图形表现。

（3）计算速度快：矢量化计算、应用编程接口、预处理文件和实时代码生成及外部运行模式。

（4）具有良好的工作平台性：与C、FORTRAN、C++程序有接口，以及与WOED有共享界面。

（5）开放和可扩展性：自定义数据类型、C/C++数学库和图形库、建立独立可任意分布的外部应用、图形界面设计和根据目标自定义实时应用模板。

本软件设计基于MATLAB强大的功能和特点，主要应用MATLAB的实现算法、创建用户界面及绘制图像功能，来实现功能需求。

9.5.2　软件工作流程图

本软件主要包括登录界面、输入界面及结果输出界面：

（1）登录界面：用户必须知道正确的密码才能使用软件。

（2）输入界面：DBN节点的先验概率以文件的方式读取。

（3）结果输出界面：可以查看各故障模式及发动机系统的关系图、各故障模式及发动机系统的可靠度、各故障模式的故障诊断。

根据软件功能需求，确定软件工作流程如图9.4所示。

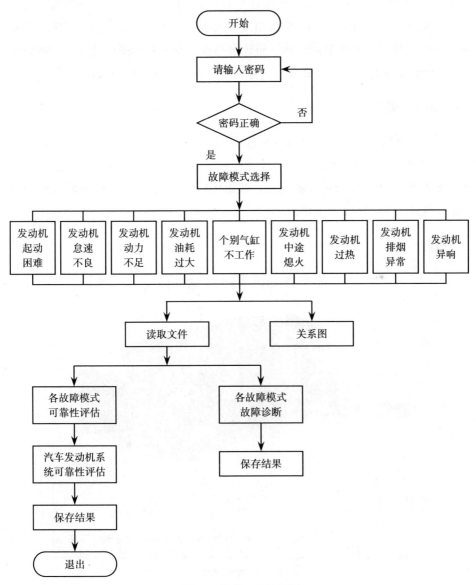

图9.4　软件工作流程图

9.6 软件的应用

本软件在MATLAB环境下使用，可以方便可靠地进行汽车发动机系统的可靠性评估和故障检测。本软件将汽车发动机系统常见的故障模式分为9种，分别为发动机起动困难、发动机怠速不良、发动机动力不足、发动机油耗过大、个别气缸不工作、发动机中途熄火、发动机过热、发动机排烟异常和发动机异响。依次分析各个故障模式，得出可靠度，并进行故障诊断，识别薄弱环节。9种故障模式分析完成之后，再进行汽车发动机系统的可靠度计算。

9.6.1 登录

首先，添加文件程序到MATLAB搜索路径，打开图形用户界面bayes_Login.fig，进入登录界面，如图9.5所示。在登录界面，有输入密码的提示，若输入密码与设定密码一致，则提示登录成功，如图9.6所示。若输入密码与设定密码不一致，则显示密码错误，如图9.7所示。

图9.5 软件登录界面

图9.6 登录成功   图9.7 登录失败

9.6.2 发动机起动困难模式分析

登录成功后，进入发动机常见故障模式界面，如图9.8所示。分别进行各个故障模式下的可靠性预测和故障诊断，然后才能求解汽车发动机系统的可靠度。

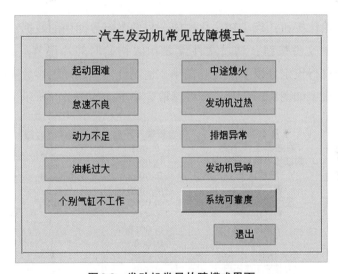

图9.8 发动机常见故障模式界面

以下仅详细介绍发动机起动困难故障模式，其余故障模式与之类似。发动机起动困难故障模式界面，如图9.9所示。

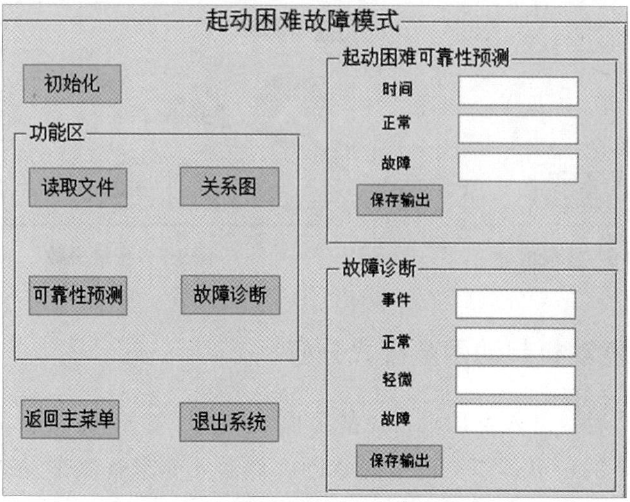

图9.9　发动机起动困难故障模式界面

（1）初始化按钮：点击初始化按钮，目的是将界面中的数据清空。

（2）读取文件按钮：通过文件读取DBN初始时间片根节点的先验概率，用户可提前自行设定好根节点先验概率，适用性强。起动困难故障模式网络根节点的先验概率如图9.10所示。文件读取完毕界面如图9.11所示。

基本事件	先验概率（严重）	先验概率（轻微）
喷油器工作不良	0.001	
燃油压力调节器故障	0.0004	
油管堵塞	0.0002	0.0004
进气管漏气	0.0008	
空气滤清器堵塞	0.0005	0.0015
气缸垫漏气	0.001	
活塞环漏气	0.0015	
气门漏气	0.0006	
点火线圈工作不良	0.0002	
火花塞工作不良	0.001	
空气流量计工作不良	0.0008	
冷却液温度传感器工作不良	0.001	
曲轴位置传感器工作不良	0.0004	

图9.10　先验概率

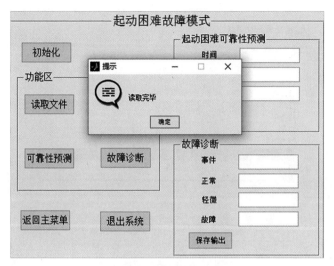

图9.11 读取完毕

（3）关系图按钮：点击关系图按钮，弹出发动机起动困难的BN模型结构图，表示节点间因果关系。起动困难故障模式关系图如图9.12所示。

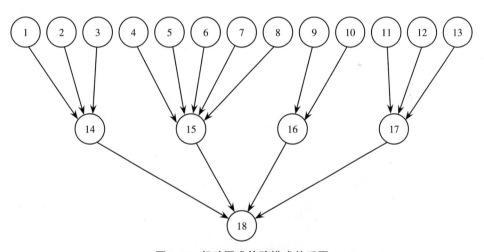

图9.12 起动困难故障模式关系图

（4）可靠性预测按钮：点击可靠性预测按钮，弹出选择时间界面，如图9.13所示。本软件设定了11个时间点，分别是0年，0.5年，1年，1.5年，2年，2.5年，3年，3.5年，4年，4.5年，5年。即预测发动机未来5年内的可靠度。用户可自行选择时间点。

未来某一时间点
0年
0.5年
1年
1.5年
2年
2.5年
3年
3.5年
4年
4.5年
确定
取消

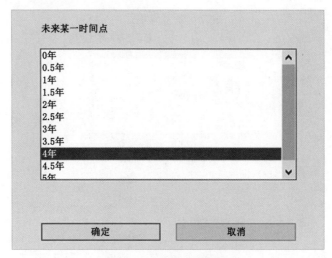

图9.13　选择时间界面

在此选择4年，点击确定后，显示结果如图9.14所示。结果表明，发动机使用4年后，发动机能正常起动的概率是0.93928，发动机起动困难的概率是0.060717。

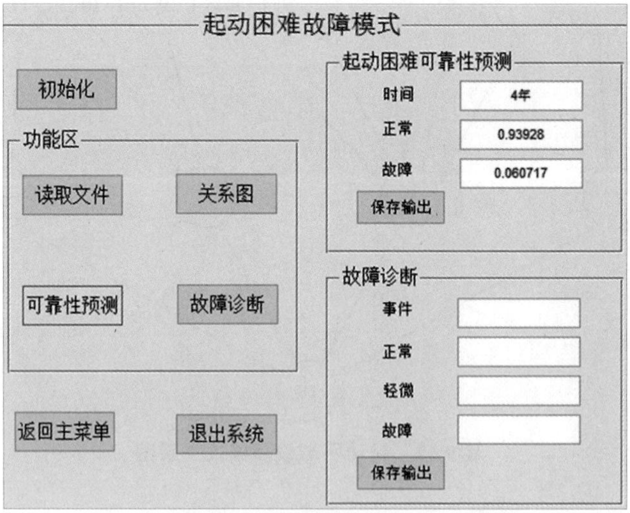

起动困难故障模式
初始化
功能区
读取文件
关系图
可靠性预测
故障诊断
返回主菜单
退出系统
起动困难可靠性预测
时间
4年
正常
0.93928
故障
0.060717
保存输出
故障诊断
事件
正常
轻微
故障
保存输出

图9.14　可靠性预测结果

（5）保存输出按钮：将可靠性预测结果保存成Excel文件，如图9.15所示。

时间(年)	起动良好	起动困难
0	1	0
0.5	0.998344483	0.001655517
1	0.994781958	0.005218042
1.5	0.98928996	0.01071004
2	0.982010692	0.017989308
2.5	0.973827069	0.026172931
3	0.963953745	0.036046255
3.5	0.952427825	0.047572175
4	0.939282698	0.060717302
4.5	0.924519439	0.075480561
5	0.907585174	0.092414826

图9.15 保存输出

（6）故障诊断按钮：故障诊断是在汽车发动机起动困难的条件下，计算各基本事件的后验概率，可以识别系统的薄弱环节。点击故障诊断按钮，弹出请选择基本事件界面，如图9.16所示。

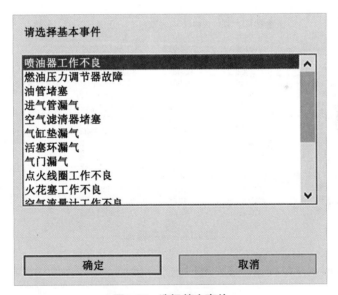

图9.16 选择基本事件

选择喷油器工作不良节点，点击确定后，显示结果如图9.17所示。在发动机起动困难数据下，喷油器正常工作的概率是0.78758，喷油器故障的概率是0.21242。

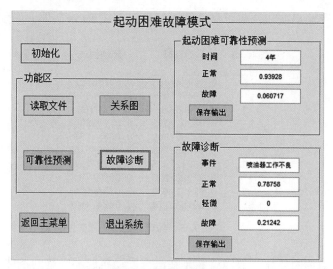

图9.17　故障诊断结果

（7）保存输出：将故障诊断结果保存成 Excel 文件，如图9.18所示。

事件	先验概率（严重）	先验概率（轻微）	正常	轻微	故障
喷油器工作不良	0.001	0.0004	0.7875801	0	0.2124199
燃油压力调节器故障	0.0004	0.0015	0.91520387	0	0.08479613
油管堵塞	0.0002	0.0004	0.930870484	0.014457354	0.054672161
进气管漏气	0.0008	0.0015	0.961028317	0	0.038971683
空气滤清器堵塞	0.0005	0.0015	0.92926141	0.968210682	0.065529205
气缸垫漏气	0.001	#N/A	0.941759048	0	0.058240952
活塞环漏气	0.0015	#N/A	0.915224217	0	0.084775783
气门漏气	0.0006	0.0015	0.95561155	0	0.04438845
点火线圈工作不良	0.0002	#N/A	0.968210682	0	0.031789318
火花塞工作不良	0.001	#N/A	0.941769962	0	0.058233038
空气流量计工作不良	0.0008	#N/A	0.955617582	0	0.044382418
冷却液温度传感器工作不良	0.001	#N/A	0.873385312	0	0.126614688
曲轴位置传感器工作不良	0.0004	#N/A	0.915235737	0	0.084764263
供油系统故障	#N/A	#N/A	0.63505597	0	0.36494403
进气系统故障	#N/A	#N/A	0.703759122	0	0.296240878
点火系统故障	#N/A	#N/A	0.910011552	0	0.089988448

图9.18　保存输出

（8）返回主菜单按钮：点击返回主菜单按钮，则弹出发动机常见故障模式
界面。

（9）退出系统按钮：点击退出系统按钮，则软件关闭。

9.6.3　汽车发动机系统可靠性分析

在发动机常见故障模式界面点击系统可靠度按钮，弹出系统可靠度计算界
面，如图9.19所示。

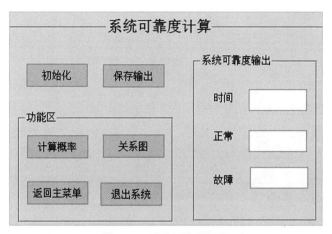

图9.19 系统可靠度计算

（1）初始化按钮：点击初始化按钮，将界面中的数据清空。

（2）关系图按钮：点击关系图按钮，弹出发动机系统的BN模型结构图，表示节点间因果关系。发动机系统关系图如图9.20所示。

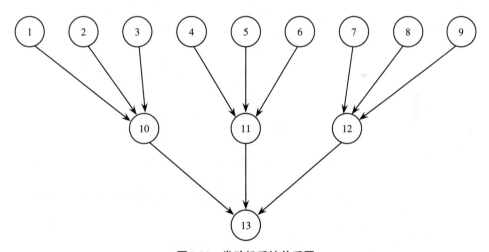

图9.20 发动机系统关系图

（3）计算概率按钮：点击计算概率按钮，弹出选择时间界面。本软件设定了11个时间点，分别是0年，0.5年，1年，1.5年，2年，2.5年，3年，3.5年，4年，4.5年，5年。即预测发动机未来5年内的可靠度。用户可自行选择时间点。在此选择4年，点击确定后，显示结果如图9.21所示。结果表明，发动机使用5年后，发动机正常的概率是0.73374，发动机故障的概率是0.26626。

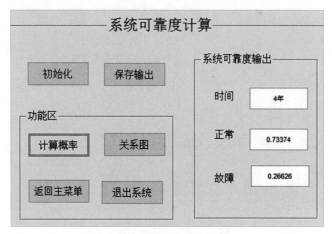

图9.21   可靠度预测结果

（4）保存输出按钮：点击保存输出按钮，将汽车发动机系统可靠性预测结果保存成 Excel 文件，如图 9.22 所示。

时间(年)	发动机良好	发动机故障
0	1	0
0.5	0.968001144	0.031998856
1	0.935229567	0.064770433
1.5	0.901795868	0.098204132
2	0.867949778	0.132050222
2.5	0.83455198	0.16544802
3	0.800977548	0.199022452
3.5	0.767340724	0.232659276
4	0.733742958	0.266257042
4.5	0.700252306	0.299747694
5	0.666524618	0.333475382

图9.22   保存输出

（5）返回主菜单按钮：点击返回主菜单按钮，则弹出发动机常见故障模式界面。

（6）退出系统按钮：点击退出系统按钮，则软件关闭。

9.7 本章小结

分析各故障模式在未来 5 年内发生的概率，进而评估汽车发动机系统在未来 5 年内正常工作的概率。使用 DBN 方法，进行发动机系统故障诊断，已知故障模式，找到最有可能引起故障的原因，从而进行有效维修。对发动机系统影响较大的零部件，采取定期检查的方式，降低其带来的危害；对故障率高的零件，采用预防维修的方式，保证系统可靠地运行。基于MATLAB平台开发了汽车发动机系统可靠性评估软件。首先，简单介绍了MATLAB软件的特点，以及汽车发动机系统可靠性评估软件的工作流程图，同时详细介绍了软件各子模块的具体实现过程。本软件的目的是对汽车发动机系统进行可靠性评估和故障诊断。

参考文献

[1] 王超, 王金. 机械可靠性工程 [M]. 北京: 冶金工业出版社, 1992.

[2] BIGERELLE M, NAJJAR D, FOURNIER B, et al. Application of lammbda distributions and bootstrap analysis to the prediction of fatigue lifetime and confidence intervals [J]. International journal of fatigue, 2006, 28: 223-236.

[3] 董玉革. 机械模糊可靠性设计 [M]. 北京: 机械工业出版社, 2000.

[4] TSAI Y T, WANG K S, TSAI L C. A Study of availability-centered preventive maintenance for multi-component systems [J]. Reliability engineering system safety, 2004, 84: 261-270.

[5] 陈立周. 机械设计优化方法 [M]. 北京: 冶金工业出版社, 2005.

[6] 贡金鑫. 工程结构可靠度计算法 [M]. 大连: 大连理工大学出版社, 2003.

[7] 赵国藩, 曹居易, 张宽权. 工程结构可靠度 [M]. 北京: 水利电力出版社, 1984.

[8] CORNELL C A. A probability based structural code [J]. Journal of the American concrete institute, 1969, 66 (12): 974-985.

[9] 封士彩, 林聚华, 张新民. 工程设计中机械可靠性应用方法的研究 [J]. 煤矿机械, 2002 (10): 27-30.

[10] MOORE A H. Comparison of monte carlo techniques for obtaining system reliability confidence limits [J]. IEEE transactions on reliability, 1980, 29 (4), 327-332.

[11] MARTZ H F, DURAN B S. A comparison of three methods for calculating lower confidence limits on system reliability using binomial component data [J]. IEEE transactions on reliability, 1985, 34 (2): 113-12.

[12] 贡金鑫, 赵国藩. 结构可靠度分析中的最小方差抽样 [J]. 上海力学, 1996 (3): 245-252.

[13] MAES M A, BREITUNG K, DBPUIS D J. Asymptotic importance sampling [J]. Structure safety, 1993, 12 (3): 167-186.

[14] FUJITA M, RACKWITZ R. Updating first and second-order reliability estimates by importance sampling [J]. Structural engineering and earthquake engineering, 1988, 5 (1): 53-59.

[15] BJERAGER P. Probability integration by directional simulation [J]. Journal of engineering mechanics, 1988, 114 (8): 1285-1302

[16] RAHMAN S, WEI D. An univariate approximation at most probable point for higher-order reliability analysis [J]. International journal of solids and structures, 2006, 43: 2820-2839.

[17] 龚凯翔. 考虑共因失效的复杂系统可靠性评估 [D]. 哈尔滨: 哈尔滨工程大学, 2016.

[18] MAHADEVAN S, REBBA R. Validation of reliability computational models using bayes networks [J]. Reliability engineering and system safety, 2005, 87: 223-232.

[19] YOUNGBLOOD R W, ATWOOD C L. Mixture priors for bayesian performance monitoring 1: fixed-constituent model [J]. Reliability engineering and system safety, 2005, 89: 151-163.

[20] LEE W S, GROSH D L, TILLMAN F A, et al. Fault tree analysis, methods, and applications a Review [J]. IEEE transactions on reliability, 1985, 34 (3): 194-203.

[21] BARLOW R E. Mathematical theory of reliability: a historical perspective [J]. IEEE transactions on reliability, 1984, 33 (1): 16-20.

[22] 林闯. 随机Petri网和系统性能评价 [M]. 北京: 清华大学出版社, 2000.

[23] SAHNER R A, TRIVEDI K S, PULIAFITO A. Performance and reliability analysis of computer systems [M]. Boston: Kluwer Academic Publishers, 1998.

[24] MALHOTRA M, TRIVEDI K S. Dependability modeling using petri-nets [J]. IEEE transactions on reliability, 1995, 44 (3): 428-439.

[25] BENNETTS R G. Analysis of reliability block dianrams by boolean techniques [J]. IEEE transactions on reliability, 1982, 31 (2): 159-166.

[26] 邹逢兴. 计算机应用系统的故障诊断与可靠性技术基 [M]. 北京：高等教育出版社, 1999.

[27] MALHOTRA M, TRIVEDI K S. Power-hierarehy of dependability-model types [J]. IEEE transactions on reliability, 1994, 43 (3): 493–501.

[28] TRIVEDI K S, HAVERKORT B R, RINDOS A, et al. Techniques and tools for reliability and performance evaluation: problems and perspectives [C] // Computer performance evaluation: modeling techniques and tools. Berlin Heidelberg: Springer Berlin Heidelberg, 1994: 1–24.

[29] MEYER J F. Performability: a retrospective and some pointers to the future [J]. Performance evaluation, 1992, 14 (3–4): 139–156.

[30] JOHNSON L E, JOHNSON M O. Some large avail-ability models: computation and bounds [J]. IEEE transactions on reliability, 1997, 46 (3): 406–420.

[31] MALAIYA Y K, SRIMANI P K. Software reliability models: theoretical developments, evaluation, and application [M]. Los Alamitions: IEEE Computer Society Press, 1991.

[32] WELKE S R, JOHNSON B W, AYLOR J H. Reliability modeling of hardware/software systems [J]. IEEE transactions on reliability, 1995, 44 (3): 413–418.

[33] ATWOODA C L, YOUNGBLOOD R W. Mixture priors for bayesian performance monitoring 2: variable-constituent model [J]. Reliability engineering and system safety, 2005, 89: 164–176.

[34] 刘启元, 张聪, 沈一栋. 信度网络推理–方法及问题: 上 [J]. 计算机科学, 2001 28 (1): 74–77.

[35] 刘启元, 张聪, 沈一栋. 信度网络推理–方法及问题: 下 [J]. 计算机科学, 2001 28 (2): 115– 118.

[36] STEPHENSON T A. An introduction to bayesian network theory and usage [R]. Idiap, 2000.

[37] CHARNIAK E. Bayesian networks without tears [J]. AI magazine, 1991, 12 (4): 50–63.

[38] BRESNICK T A, BUEDE D M, TATAMAN J A. Introduction to Bayesian networks: a tuorial for the 66th MORS symposium [D]. California: Naval Postgraduate School Monterey, 1998.

[39] RUSSELL S, NORVIG P. Artificial intelligence: a modern approach [J].
      Neurocomputing, 1995, 9(2): 215-218.

[40] PEAL J. Fusion, propagation, and structuring in belief networks [J]. Artifi-
      cial intelligence, 1986, 29: 241-288.

[41] COOPER G R. The computational complexity of probabilistic inference using
      Bayesian networks [J]. Artificial intelligence, 1990, 42 (2): 393-405.

[42] PEARL J. Probabilistic reasoning in intelligent systems: networks of plau-
      sible inference [D] San Francisco: Morgan Kaufmann, 1988.

[43] DECHTER R. Bucket elimination: a unifying framework for several probabi-
      listic inference [J]. Constraints, 2013, 2(1): 51-55.

[44] SHACHTER R D. Intelligent probabilistic inference [J]. Machine intelli-
      gence and pattern recogn ition, 1986, 4: 371-382.

[45] LAURITZEN S L, SPIEGELHALTER D J. Local computations with probabili-
      ties on graphical structures and their applications to expert systems [J]. Jour-
      nal of the royal statistical society, 1988, 50 (2): 154-227.

[46] ANDERSEN S K, OLESEN K G, JENSEN F V, et al. Hugin-a shell for
      building Bayesian belief universes for expert systems [C] // Proceedings of
      the eleventh international joint conf on artificial intelligence, 1989, 1080-
      1085.

[47] JENSEN F V, LAURITZEN S L, OLESEN G. Bayesian updating in causal
      probabilistic networks by local computations [J]. Computational statistics
      quaterly, 1990, 4: 269-282.

[48] LEPAR V, SHENOY P P.A comparison of lauritzen and spiegelhalter, hugin
      and shafer and shenoy architectures for computing marginals of probability
      distributions [J]. Uncertainty in artificial intelligence, 1998, 328-337.

[49] MADSEN A L, JENSEN F V. Lazy propagation: a junction tree inference al-
      gorithm based on lazy evaluation [J]. Artificial intelligence, 1999, 113:
      203-245.

[50] HENRION M, SHACHTER R D, LEMMER J F, et al. Evidence absorption
      and propagation through evidence reversals: proceedings of the fifth annual
      conference on uncertainty in artificial intelligence [C]. Amsterdam: [s.n.],
      1990.

［51］ 刘启元. 信度网及因果网理论与实现研究［D］. 重庆：重庆大学，2001.

［52］ 田风占，张宏伟，陆玉吕，等. 多模块贝叶斯网络中推理的简化［J］. 计算机研究与发展，2003，40（8）：1230-1237.

［53］ ZHAO Y L, D′ AMBROSIO B. Efficient inference in bayes networks as a combinatorial optimization problem ［J］. In international journal of approximate reasoning, 1994, 11: 55-81.

［54］ 邢永康. 信度网理论及应用研究［D］. 重庆：重庆大学，2001.

［55］ DRUZDZEL M J. Some properties of joint probability distributions: in proceedings of the tenth conference on uncertainty in artificial intelligence ［C］. Seattle: Morgan Kaufmann, 1994.

［56］ POOLE D.The use of conflicts in searching Bayesian networks: proceedings of the ninth conference on uncertainty in AL Washington ［C］. San Francisco: Morgan kaufmann publishers, 1993.

［57］ SANTOS E J, SHIMONY S E. Deterministic approximation of marginal probabilities in bayes nets ［J］. IEEE transactions on systems, man, and cybernetics, 1998, 28 (4): 377-393.

［58］ HENRION M. Propagating uncertainty in Bayesian networks by logic sampling ［M］. New York: Elsevier Scienceby Probabilistic Publishers, 1988.

［59］ FUNG R, CHANG K C. Weighting and integrating evidence for stochastic simulation in Bayesian networks ［M］. New York: Elsevier Science Probabilistic Publishers, 1989.

［60］ FUNG R, FAVERO B D. Backward simulation in Bayesian networks: in proceedings of the tenth conference on uncertainty in artificial intelligence ［C］. Seattle: Morgan Kaufmann, 1994.

［61］ HERNANDEZ L D, MORAL S, ANTONIO S. A monte carlo algorithm for probabilistic propagation in belief networks based on importance sampling and stratified simulation techniques ［J］. International journal of approximate reasoning, 1998, 18: 53-91.

［62］ GILKS W R, RICHARDSON S, SPIEGELHALTER D J. Markov Chain Monte-Carlo in practice ［M］. London: Chapman and Hall, 1996.

［63］ 王军，周伟达. 贝叶斯网络的研究与进展［J］. 电子科技，1999（8）：6-7.

［64］ 金碧辉. 系统可靠性工程［M］. 北京：国防工业出版社，2004.

［65］ DAVID C Y, THANH C N, PETER H. Bayesian network model for reliability assessment of power systems ［J］. IEEE transactions on power systems, 1999, 14（2）: 426-432.

［66］ 霍利民，朱永利，范高峰，等. 一种基于贝叶斯网络的电力系统可靠性评估新方法［J］. 电力系统自动化，2003, 27（5）: 36-40.

［67］ 霍利民，朱永利，张在玲，等. 贝叶斯网络在配电系统可靠性评估中的应用［J］. 电工技术学报，2004, 19（86）: 113-118.

［68］ 徐维新. 故障树分析法［M］. 西安: 西安交通大学出版社，1988.

［69］ LANGSETH H, PORTINALE L. Bayesian networks in reliability ［J］. Reliability engineering system safety, 2006, 92: 92-108.

［70］ BOBBIO A, PORTINALE L, MINICHINO M, et al. Improving the analysis of dependable systems by mapping fault trees into Bayesian networks ［J］. Reliability engineering system safety, 2001, 71（3）: 249-260.

［71］ MAHADEVAN S, REBBA R. Validation of reliability computational models using Bayesian networks ［J］. Reliability engineering and system safety, 2005, 87（2）: 223-232.

［72］ BOUDALI H, DUGAN J B. A discrete-time Bayesian network reliability modeling and analysis framework ［J］. Reliability engineering and system safety, 2005, 87（2）: 337-349.

［73］ 袁朝辉，崔华阳，侯晨光. 民用飞机电液舵机故障树分析［J］机床与液压，2006, 11: 221-223.

［74］ 刘永宾，陈金水，谢学武. 割集矩阵在早期不交化FTA中的应用［J］. 天津大学学报，2000, 33（3）: 318-323.

［75］ 刘惟信. 机械可靠性设计［M］. 北京: 清华大学出版社，1996.

［76］ 梅启智，廖炯生，孙惠中. 系统可靠性工程基础［M］. 北京: 科学出版社，1992.

［77］ SAURIN V V. Shape design sensitivity analysis for fracture conditions ［J］. Computers and structures, 2000, 76: 399-405.

［78］ 彭明祥. 土钉支护设计参数的敏度分析［J］. 工程勘察，2003（6）: 3-4.

［79］ 黄祥瑞. 可靠性工程［M］. 北京: 清华大学出版社，1989.

［80］ 谢里阳. 可靠性问题中的非完全失效和非整数阶失效研究: 2001年中国机械工程学年会论文集［C］. 北京: 机械工业出版社，2001.

［81］ HUANG J, ZUO M J. Multi-state k-out-of-n system model and its applications: Proceedings of the Annual Reliability and Maintainability Symposium ［C］. ［s.l.: s.n.］, 2000.

［82］ ZIO E. Importance measures of multi-state components in multi-state systems ［J］. Quality and safety engineering, 2003, 10 (3): 289-310.

［83］ YEH WEI C. An evaluation of the multi-state node networks reliability using the traditional binary-state networks reliability algorithm ［J］. Reliability engineering and system safety, 2003, 81 (1): 1-7.

［84］ TRIPATHY C R. Reliability evaluation of multistage interconnection networks with multi-state elements ［J］. Microelectronics and reliability, 1996, 36 (3): 423-428.

［85］ LEVITIN G. Allocation of test times in multi-state systems for reliability growth testing ［J］. IEEE transactions on reliability, 2002, 34 (6): 551-558.

［86］ GOUGH W S, RILEY J, KOREN J M. A new approach to the analysis of reliability block diagrams ［C］. Reliability and Maintainability Symposium. IEEE, 1990.

［87］ MING J Z. Approaches for reliability modeling of continuous-state devices ［J］. IEEE transactions on reliability, 1999, 48 (1): 9-18.

［88］ 王光远, 张鹏. 具有中介状态的工程系统的可靠性分析 ［J］. 土木工程学报, 2001, 34 (3): 13-17.

［89］ LEVITIN G. Reliability evaluation for acyclic transmission networks of multi-state elements with delays ［J］. IEEE transactions on reliability, 2003, 52 (2): 231-237.

［90］ KOLOWROCKI K. On limit reliability functions of large multi-state systems with ageing components ［J］. Applied mathematics and computation, 2001, 121 (2): 313-361.

［91］ ALIYU U O. Performance evaluation of multi-state Kalman filter effectiveness in power system digital protection schemes: IEEE conference on control applications-proceedings ［C］. ［s.l.: s.n.］, 1995.

［92］ HUANG J S. Generalized multi-state k-out-of-n: G systems ［J］. IEEE transactions on reliability, 2000, 49 (1): 105-111.

[93] CHARLESWORTH W W, RAO S S. Reliability analysis of continuous mechanical systems using mutistate fault trees [J]. Reliability engineering and system safety, 1992, 37: 195-206.

[94] 江龙平. 考虑非临界损伤时机械系统可靠性评估新方法-系统退化法 [J]. 机械强度, 2001, 23 (3): 293-295.

[95] 贡金鑫, 王海超, 赵国藩. 结构疲劳累积损伤与极限承载能力可靠度 [J]. 大连理工大学学报, 2002, 42 (6): 714-718.

[96] BRUNELLE R D, KAPUR K S. Continuous structure function reliability: an interpolation approach [J]. IEEE transactions on reliability, 1998, 47 (2): 181-187.

[97] 周金宇, 谢里阳. 基于RBF神经网络预拟合的B样条曲面反求 [J]. 东北大学学报 (自然科学版), 2003, 24 (6): 556-559.

[98] XUE J N. On multi-state system analysis [J]. IEEE transactions on reliability, 1985, 34 (4): 329-336.

[99] GREGORY L. Structure optimization of multi-state system with two failure modes [J]. Reliability engineering and system safety, 2001, 72 (1): 75-89.

[100] USHAKOV I A, Universal generating function [J]. Computing system science, 1986, 24 (5): 118-l29.

[101] GREGORY L. A universal generating function approach for the analysis of multi-state systems with dependent elements [J]. Reliability engineering and system safety, 2004, 84 (3): 285-292.

[102] 周金宇, 谢里阳, 王学敏, 等. 多状态系统共因失效分析及可靠性模型 [J]. 机械工程学报, 2005, 41 (6): 66-70.

[103] MING J Z. Approaches for reliability modeling of continuous-state devices [J]. IEEE transactions on reliability, 1999, 48 (1): 9-18.

[104] DAVID C Y, THANH C N, PETER H. Bayesian network model for reliability assessment of power systems [J]. IEEE transactions on power systems, 1999, 14 (2): 426-432.

[105] 蒋仁言, 左明健. 可靠性模型与应用 [M]. 北京: 机械工业出版社, 1999.

[106] 谢里阳, 林文强. 共因失效概率预测的离散化模型 [J]. 核科学与工程, 2002, 22 (2): 186-192.

[107] 姚卫星.结构疲劳寿命分析 [M].北京:国防工业出版社,2003.

[108] XIE L Y. Pipe segment failure dependency analysis and system failure probility estimation [J]. Pressure vessels and piping,1998,75(6):483-488.

[109] 李翠玲,谢里阳.相关失效分析方法评述与探讨 [J].机械设计与制造,2003,3:1-3.

[110] FAN C M. Component-relevancy and characterization result in multistate systems [J]. IEEE transactions on reliability,1993,42(3):478-483.

[111] 黄洪钟.机械传动可靠性理论与应用 [M].北京:中国科学技术出版社,1995.

[112] 童小燕.复合材料的疲劳寿命准则 [J].机械强度,1995,17(3):94-100.

[113] 何军,李杰.大型相关失效工程网络系统可靠度的近似算法 [J].计算力学学报,2003,20(3):261-266.

[114] 陈旭,赵志芳.16MnR钢焊接头低周疲劳性能 [J].化工生产与技术,2000,7(3):10-11.

[115] XIE L Y. A knowledge-based multi dimension discrete common cause failure model [J]. Nuclear engineering design,1998,183(1/2):107-116.

[116] 颜云辉,王德俊,黄雨华,等.疲劳断口分析的Fourier变换方法 [J].金属学报,1997,33(4):386-390.

[117] 曾声奎,赵廷弟,张建国,等.系统可靠性设计分析教程 [M].北京:北京航空航天大学出版社,2001.

[118] 喻天翔,张选生,张祖明.轴的多失效模式相关的可靠性计算 [J].机械传动,2002,3:30-34.

[119] 喻天翔,张选生,张祖明,等.零件相关的机械产品的系统可靠性设计(SRD)新理论 [J].机械设计与制造,2002,6:1-4.

[120] 安伟光.系统可靠性评定方法的研究 [J].应用科技.1995,4:24-29.

[121] 韩恩厚,崔广椿.疲劳强度的模糊可靠性设计方法 [J].航空学报,1994,15(1):89-93.

[122] 陈琳,刘长海,孟惠荣.多失效模式相关的结构系统可靠性分析 [J].北京印刷学院学报,1995,2:11-15.

[123] 吴斌.动态系统可靠性分析 高效方法及航空航天应用 [M].上海:上海交通大学出版社,2013.

[124] 亨利. 可靠性工程与风险分析 [M]. 吕应中, 译. 北京: 原子能出版社, 1988.

[125] 路民旭. 环境介质与应力比对300 M钢腐蚀疲劳裂纹萌生寿命的影响 [J]. 航空学报, 1994, 15 (3): 378-382.

[126] 王大中, 林家桂, 马昌文, 等. 200 MW核供热站方案设计 [J]. 核动力工程, 1993, 14 (4): 289-294.

[127] MARTZ H F, KVAM P H, ABRAMSON L R. Empirical Bayes estimation of the reliability of nuclear power plant emergency diesel generators [J]. Technometric, 1996, 38: 11-24.

[128] VAURIO J K. Optimization of test and maintenance intervals based on risk and cost [J]. Reliability engineering and system safety, 1995, 49: 23-26.

[129] 李铎, 石铭德, 马昌文. 低温核供热站数字化保护系统的研究及其可靠性分析 [J]. 核动力工程, 1999, 20 (3): 269-273.

[130] 谢里阳. 可靠性问题中的非完全失效和非整数阶失效的研究: 中国机械工程学会年会论文集 [C]. 北京: 机械工业出版社, 2001: 436-440.

[131] FLEMING K N. A reliability model for common cause failures in redundant safety systems: Sixth annual pittsburgh conference on modeling and simulation Proceedings [C]. Pittsburgh: [s.n.], 1975.

[132] ATWOOD C L. The binomial failure rate common cause model [J]. Technometrics, 1986, 28 (2): 139-148.

[133] HUGHES R P. A new approach to common cause failure [J]. Reliability Eng ineering and system safety, 1987, 17: 211-236.

[134] AMARI S V, DUGAN J B, MISRA R B. A separable method for incorporating imperfect fault-coverage into combinatorial model [J]. IEEE transactions and reliability, 1999, 48 (3): 267-274.

[135] BURDICK G R, FUSSELL J B, RASMUSON D M, et al. Phased mission analysis: a review of new developments and an application [J]. IEEE transactions and reliability, 1977, 26 (1): 43-49.

[136] MA Y, TRIVEDI K S. An algorithm for reliability analysis of phased-mission systems [J]. Reliability engineering and system safety, 1999, 66: 157-170.

[137] PARRY G W. Common cause failure analysis: a critique and some suggestions [J]. Reliability engineering and system safety, 1991, 34: 26-309.

[138] MOSLEH A. Common cause failure: an analysis methodology and examples [J]. Reliability engineering and system safety, 1991, 34: 249-292.

[139] VAURIO J K. Common cause failure models, data, quantification [J]. Reliability engineering and system safety, 1996, 53: 85-96.

[140] VAURIO J K. Common cause failure probabilities in standby safety system fault tree analysis with testing-scheme and timing dependencies [J]. Reliability engineering and system safety, 2003, 79: 43-57.

[141] VAURIO J K. An implicit method for incorporating common cause failures in system analysis [J]. IEEE transactions raliability, 1998, 47 (2): 173-180.

[142] VAURIO J K. Availability of redundant safety systems with common-mode and undetected failures [J]. Nuclear engineering design, 1980, 58: 415-424.

[143] El-DAMCESE M A. Reliability of systems subject to common-cause hazards assumed to obey an exponential power model [J]. Nuclear engineering and design, 1996, 167: 85-90.

[144] DHILLON B S, ANUDE O C. Common cause failures in engineering systems: a review [J]. International Journal of reliability, quality and safety engineering, 1994, 1 (1): 103-129.

[145] Apostolakis G, LEE Y T. Methods for the estimation of confidence bounds for the top-event unavailability of fault trees [J]. Nuclear engineering Design, 1977, 41: 411-419.

[146] JUSSI K V. An implicit method for incorporating common-cause failures in system analysis [J]. Transactions on reliability, 1998, 47 (2): 173-180.

[147] CHAE K C, CLARK G M. System reliability in the presence of common-cause failure [J]. IEEE transaction on reliability, 1986, 35 (1): 32-35.

[148] LEVITIN G. Incorporating common-cause failures into nonrepairable multi-state series-parallel system analysis [J]. IEEE transactions on reliability, 2001, 50 (4): 380-388.

[149] MANKAMO T. Dependent failure modeling in highly redundant structures application to BWR safety valves [J]. Reliability engineering and system safety, 1992, 35 (2): 235-244.

[150] DORRE P. Basic aspects of stochastic reliability analysis for redundancy systems [J]. Reliability engineering and system safety, 1989, 24 (3): 351–375.

[151] DORRE P. An event-based multiple malfunction model [J]. Reliability engineering, 1987, 17 (1): 73–80.

[152] 谢里阳, 何雪宏, 李佳. 机电系统可靠性与安全性设计 [M]. 哈尔滨: 哈尔滨工业大学出版社, 2006.

[153] 王学敏, 谢里阳. 考虑共因失效的系统可靠性模型 [J]. 机械工程学报, 2005, 41 (1): 24–28.

[154] 李翠玲, 谢里阳, 李剑锋. 基于零件条件失效概率分布的共因失效模型 [J]. 中国机械工程, 2006, 17 (7): 753–757.

附录　符号表

X_i	元件 $i = 1, 2, \cdots, n$
x_i	模型节点 $i = 1, 2, \cdots, n$
n	系统元件数
R_s	独立失效系统可靠度
R_c	相关失效系统可靠度
R_i	单元可靠度
T	故障树顶事件
E_i	故障树底事件
I^{Pr}	概率重要度
I^{Cr}	关键重要度
I^{St}	结构重要度
P_{is}	元件故障时系统故障概率
P_{si}	系统故障时元件故障概率
S_i	系统对元件 i 的敏度
$\Phi(\ )$	系统状态函数
$P(\ )$	概率函数
λ	失效率
$\lambda_i(t)$	i 重共因失效率失效
C	元件的多阶失效因子
$\cup$	求并
$\cap$	求交

续表

$R_m^{(r)}(t)$	t 时刻 r 个元件中某指定 m 个可靠的概率
ω_i	系统中元件的条件失效概率
BN	贝叶斯网络
FTA	故障树分析
FMEA	fault mode effect analysis（故障模式及影响分析）
CPT	conditional probability table（条件概率表）
DAG	directed acyclic graph（有向无环图）